中国建筑科学研究院有限公司科研基金资助

# 森林草原火灾智能预测方法

孙　旋　高学鸿　李　宁　著

北　京

冶　金　工　业　出　版　社

2024

## 内 容 提 要

快速准确地预测森林草原火灾的蔓延和发展,可以为及时部署灭火力量、控制火灾蔓延提供科学决策依据。本书前两章介绍国内外森林草原火灾概况及森林草原火灾发生机理;第3~4章阐述经典和常用的森林草原火灾蔓延模型,重点介绍了一种基于机器学习的森林草原火灾预测模型;第5章对森林草原火灾防治研究进行了总结和展望。

本书比较详细地介绍了森林草原火灾预测模型和方法,可供相关领域的科研人员、管理人员、教学人员阅读参考。

### 图书在版编目(CIP)数据

森林草原火灾智能预测方法/孙旋,高学鸿,李宁著.—北京:冶金工业出版社,2024.4

ISBN 978-7-5024-9826-9

Ⅰ.①森… Ⅱ.①孙… ②高… ③李… Ⅲ.①智能技术—应用—森林防火—预测 ②智能技术 —应用—草原—防火—预测 Ⅳ.① S762. 2-39 ②S812. 6-39

中国国家版本馆 CIP 数据核字(2024)第 070712 号

**森林草原火灾智能预测方法**

| | | | |
|---|---|---|---|
| 出版发行 | 冶金工业出版社 | 电 话 | (010)64027926 |
| 地 址 | 北京市东城区嵩祝院北巷 39 号 | 邮 编 | 100009 |
| 网 址 | www. mip1953. com | 电子信箱 | service@ mip1953. com |

责任编辑 刘思岐 美术编辑 吕欣童 版式设计 郑小利
责任校对 李欣雨 责任印制 窦 唯
北京建宏印刷有限公司印刷
2024 年 4 月第 1 版,2024 年 4 月第 1 次印刷
710mm×1000mm 1/16;11. 25 印张;219 千字;171 页
定价89. 00 元

投稿电话 (010)64027932 投稿信箱 tougao@cnmip. com. cn
营销中心电话 (010)64044283
冶金工业出版社天猫旗舰店 yjgycbs. tmall. com
(本书如有印装质量问题,本社营销中心负责退换)

# 前　言

在我们所处的环境中，森林和草原不仅是生物多样性的宝库，也是地球生态平衡的重要组成部分。然而，它们面临着一种日益严峻的威胁——火灾。每年，森林与草原火灾在全球范围内肆虐，造成巨大的生态破坏、经济损失，甚至人员伤亡。在这种背景下，如何有效预测和预防森林及草原火灾，成为了一个迫切需要解决的全球性问题。

本书旨在探索利用最新的科技进展，特别是人工智能和数据科学来应对这一挑战。我们深入研究了如何通过智能技术对火灾风险进行更准确的预测和分析，以便更有效地进行防控和管理。

在本书中，我们详细介绍了当前在火灾预测领域的最新进展，包括但不限于卫星遥感技术、地面监测系统、气象数据分析以及先进的机器学习算法。通过对这些技术的深入讨论和案例分析，为林业管理者、政策制定者、研究学者以及所有关心环境保护的读者提供一份全面而深入的指导。

本书由中国建筑科学研究院有限公司科研基金资助出版，中国建筑科学研究院有限公司孙旋、北京科技大学高学鸿、新疆理工学院李宁共同编写。作为一群来自不同背景但对此话题充满热情的研究人员，我们希望通过我们的工作，不仅能够促进科学知识的传播，还能够为全球环境保护和可持续发展做出实际贡献。

在未来，随着技术的不断进步和数据的日益丰富，我们相信智能预测方法在森林及草原火灾管理中的作用将更加重要。我们期待着这一领域的不断发展，并希望本书能够为这个重要的研究领域做出自己的贡献。

著　者
2024 年 2 月

# 目　录

# 1 国内外森林草原火灾概况

## 1.1 国内外森林草原火灾现状

森林火灾是指失去人为控制，在森林中自由蔓延和扩展，达到一定面积，并且对森林生态系统和人类造成一定危害和损失的林地起火。草原火灾是指因自然原因或人为原因，在草原或草山、草地起火燃烧所造成的灾害，草原火灾造成人民生命财产损失，烧毁草地，破坏草原生态环境，降低畜牧承载能力，并促使草原退化。森林草原火灾是一种突发性强、破坏性大、处置救助较为困难的自然灾害。当今，世界各国都十分重视森林防火工作，大力提高林火管理水平和防火防灾经费投入，但是全球森林草原火灾仍然频发。

### 1.1.1 国内外森林草原火灾发生情况

受全球气候变暖、极端天气增多等因素影响，世界各地发生森林草原火灾的次数增加、规模扩大，严重危及人类的生命、财产安全和生态环境。全球每年发生森林草原火灾几十万次，近年来森林火灾发生的频率和规模更加反常，已远远超过自然界的自我调节能力，对人类、环境和经济所造成的危害也远超过去[1]。希腊、澳大利亚、俄罗斯、美国、加拿大等国发生历史罕见的森林大火，土耳其、智利、葡萄牙、韩国和日本等国也发生了多起森林大火，造成了巨大的经济、生态损失，并引发了严重的社会后果。我国每年发生森林、草原火灾上万次，燃烧面积几十万公顷。频繁发生的森林草原火灾，给林牧区人民的生活及森林、草地生态系统带来巨大的损失，严重地制约和影响了林牧区经济的可持续发展[2]。

#### 1.1.1.1 全球森林草原火灾形势

森林火灾是地中海国家最为严重的自然灾害之一，西班牙尤为严重，每年被烧毁的森林面积占森林总面积的1%。西班牙森林火灾多发生在加利西亚、坎塔·普利戈、地中海沿岸区和中部一些林区。森林火灾主要由干旱时间长、内陆干热风强烈等气候因素引发，也有少部分由习惯性烧荒引发。2016年8月5日，西班牙 Las Manchas 发生森林大火，8月9日，森林大火向加利西亚自治区的拉帕尔马地区燃烧，火灾面积超过7000 hm$^2$。西班牙当局投入约350名消防员、4架消防飞机和8架直升机进行扑火，但强风和高温使扑救工作非常困难。

希腊也属于典型的地中海式气候，夏季高温干旱，几乎每年夏天都会发生森林火灾。欧洲国家都有明显的干旱季，北部如法国、意大利沿岸地区的旱季较短，为 1~3 个月；南部如利比亚、埃及沿岸的旱季很长，达 7 个月以上。火灾是最严重的灾害，比任何一种自然灾害，如病虫害、龙卷风以及霜冻等所造成的损失都大。近 20 年来，森林火灾的发生频率及遭灾面积均显著增长。多发季节为每年 6 月至 8 月。2003 年，受异常干燥炎热天气和强风的影响，希腊遭遇火灾的森林面积达到森林总面积的 6%，35 万多公顷林地被毁，并造成了严重的水土流失，影响了水利和农业的发展，大火造成 15 人死亡，初步估计经济损失高达 10 亿欧元。2007 年，希腊经历了其有史以来最严重的森林火灾，近一半的国土面积受到影响，火灾面积达 27 万公顷，500 多座家园被毁，64 人在火灾中遇难；经济损失约为 12 亿欧元（约合 16 亿美元），相当于希腊国内生产总值的 0.6%。

澳大利亚目前处于百年来最干旱时期，在过去几年里，干旱使森林火灾的发生频率和严重程度不断增加。近年来，澳大利亚山林火灾多发季节比以往提前了数月，并遭遇了严重的旱情。2009 年 2 月份，澳大利亚东南部地区野火灾害肆虐，澳大利亚各地气温居高不下，高温和强风造成大量树木起火，火焰和灰烬铺天盖地而来，并快速向其他地区蔓延，直到 3 月 14 日才全部熄灭。大火引起了世界的关注和震惊，美国、欧盟派出人员和飞机支援。这场澳大利亚历史上最严重的野火灾害，损失惊人，大火导致 273 人丧生，1800 多栋房屋被烧毁，近 100 万头牲畜和野生动物死亡；燃烧总面积达 41 万公顷；经济损失达 20 亿美元，近万人无家可归[3]。

俄罗斯森林火灾多发季节是每年 6 月至 10 月，其面积广阔的寒带森林是地球生态系统至关重要的组成部分，然而在过去 20 年中，俄罗斯森林大火的数量却增长了 10 倍。2002 年，俄罗斯损失了 1170 万公顷的森林；2003 年，损失更是高达 2370 万公顷，这一面积几乎相当于整个英国的国土面积。2010 年，俄罗斯遭遇了近 130 年以来最热的夏季，持续的高温和干旱使俄罗斯中部地区的大片森林、灌木丛极度干燥，引发了森林大火；仅 7 月，俄罗斯境内就报告了 500 处着火点，40 人死亡，数千人被迫离开家园[4]。2010 年 6~8 月，俄罗斯过火面积超过 100 万公顷，大火造成 83 人死亡，烧掉了全国 1/4 的庄稼，扑火费用达 30 亿美元，直接损失超过 150 亿美元，导致经济复苏减缓。2017 年 5 月 11 日，俄罗斯多地森林遭到大火席卷，火势已远超加拿大，有八个联邦行政区内的 116 处森林发生火灾，其中尤以远东地区和西伯利亚地区的森林大火最为严重。有数据表明，2017 年俄罗斯森林大火过火面积已超过 100 万公顷，约 1 万平方千米。更令人担忧的是，纵火在俄罗斯森林火灾的诱因中扮演着重要角色[5]。

20 世纪 90 年代以来，美国的森林火灾面积呈显著上升趋势。2013 年，美国的火灾伤亡人数创了新纪录；2013 年 7 月，美国西部亚利桑那州亚内尔山森林火灾导致 19 名消防队员丧生。2016 年 6 月 17 日,美国圣塔芭芭拉遭遇森林大火; 6 月 21 日,美国圣地亚哥遭遇森林大火,过火面积高达 6000 hm²。2017 年 5 月 20 日,美国加州圣迭戈市的哈穆尔发生森林大火,过火面积超过 400 hm²;5 月 28 日,美国洛杉矶布伦特伍德地区发生山火;10 月,美国加州北部地区史上最惨烈的连环山火肆意蔓延了 10 余天,导致 7000 栋建筑被毁,40 余人死亡。2017 年 12 月,美国加州南部发生大规模山火,并在数小时内烧毁超 124 km² 的土地,鉴于风速过快,南加州当局甚至发出了史上最高级别的"紫色"预警。火灾每年毁坏美国近 160 万公顷森林,造成数十亿美元损失,美国每年还要花费数亿美元扑灭林火。

2016 年 5 月,发生在加拿大阿尔伯塔省麦梅里堡的森林火灾持续了 20 天,过火面积超过 100 km²,加拿大出动了 1100 多名消防员、145 架直升机、148 部重型机械以及 22 架灭火飞机对林火实施扑救,开启了救火的"国家模式"。2017 年 5 月,智利爆发史上最严重森林大火,国家进入紧急状态。同年,日本多地发生森林大火,其中东北部地区的福岛县、岩手县等地火情最为严重。2017 年 5 月,韩国东部江原道江陵、三陟地区发生山火,韩国投入直升机 30 架,出动灭火人员 7500 名。2017 年,葡萄牙遭遇近 90 年来的最干旱季节,森林火灾频发。2017 年 6 月 17 日,葡萄牙中部大佩德罗冈地区发生严重森林火灾,致 64 人死亡、250 人受伤;10 月 15 日以来,北部和中部地区发生数百起森林火灾造成至少 42 人死亡、71 人受伤。2021 年 7 月 6 日,美国俄勒冈州和加州的交界地区,发生了一场名为"布勒格 Bootleg Fire"的森林大火,过火面积超过 1600 km²,是俄勒冈州历史上最大的山火之一。

### 1.1.1.2 我国森林草原火灾形势

我国每年发生森林火灾频繁,森林火灾主要集中在我国东部,呈现南多北少的规律,其中华南地区以湖南为森林火灾发生最多的城市。从受灾严重程度来看,我国东北地区的森林虽然发生火灾的次数较少,但是受灾面积大、受损程度严重。从时间来看,我国东北在春、秋两季容易发生火灾,这是因为冬季气温寒冷有积雪,不易发生火灾,夏季植物正处于生长季,且进入降雨季,也不易发生火灾;而春秋两季,空气干燥,降水少,植物含水率低,地面可燃物和杂草裸露,容易发生火灾。我国南方春、冬两季为防火期。南方冬季天气寒冷,植物停止生长,树木开始落叶,可燃物增加,降水减少,因此森林火灾发生的可能性增加。从地形影响因素来看,随着海拔的升高,会出现不同的火灾季节,一般海拔越高,火灾季节越晚。

根据数据统计,1950~1987 年,我国共发生森林火灾 60.54 万起,受害森林面积达 3599.51 万公顷,单起火灾平均受害森林面积为 59.45 hm²;1988~2021 年,全国共发生森林火灾 21.52 万起,受害森林面积达 218.42 万公顷,单起火灾平均受害森林面积为 10.15 hm$^2$，单起火灾平均受害森林面积较前 38 年下降了 82.93%；近 10 年（2012~2021 年），全国共发生森林火灾 2.63 万起，受害森林面积达 13.31 万公顷，单起火灾平均受害森林面积为 5.04 hm$^2$，单起火灾平均受害森林面积持续下降。统计数据显示（表 1-1），我国发生的森林火灾次数先升后降，总体呈下降趋势，一般森林火灾占森林火灾总数的主要部分。

表 1-1　我国森林火灾年发生次数　　　　　　　　（次）

| 年份 | 总次数 | 一般森林火灾 | 较大森林火灾 | 重大森林火灾 | 特别重大森林火灾 | 受害森林面积/hm$^2$ |
|---|---|---|---|---|---|---|
| 2002 | 7527 | 4450 | 3046 | 24 | 7 | 47631 |
| 2003 | 10463 | 5582 | 4860 | 14 | 7 | 451020 |
| 2004 | 13466 | 6894 | 6531 | 38 | 3 | 142238 |
| 2005 | 11542 | 6574 | 4949 | 16 | 3 | 73701 |
| 2006 | 8170 | 5467 | 2691 | 7 | 5 | 408255 |
| 2007 | 9260 | 6051 | 3205 | 4 | | 29286 |
| 2008 | 14144 | 8458 | 5673 | 13 | | 52539 |
| 2009 | 8859 | 4945 | 3878 | 35 | 1 | 46156 |
| 2010 | 7723 | 4795 | 2902 | 22 | 4 | 45761 |
| 2011 | 5550 | 2993 | 2548 | 9 | | 26950 |
| 2012 | 3966 | 2397 | 1568 | 1 | | 13948 |
| 2013 | 3929 | 2347 | 1582 | | | 13724 |
| 2014 | 3703 | 2080 | 1620 | 2 | 1 | 19110 |
| 2015 | 2936 | 1676 | 1254 | 6 | | 12940 |
| 2016 | 2034 | 1340 | 693 | 1 | | 6224 |
| 2017 | 3223 | 2258 | 958 | 4 | 3 | 24502 |
| 2018 | 2478 | 1579 | 894 | 3 | 2 | 16309 |
| 2019 | 2345 | 1534 | 802 | 8 | 1 | 13505 |
| 2020 | 1153 | 722 | 424 | 7 | | 8526 |
| 2021 | 616 | 295 | 321 | | | 4457 |
| 2022 | 709 | | | | | 4689.5 |

注：数据来自《中国统计年鉴》（2008~2022 年）。

　　草原火会直接影响生态系统，包括生态系统中的动植物，而且草原火在森林草原地区频繁发生。草原火行为的周期性影响着草原的生产力周期，草原火灾是对牧区人民生命财产安全和生态环境造成较为严重损失的自然灾害之一，发生频繁，且容易引起森林火灾。我国是一个草原火灾频繁发生的国家，在我国的 4 亿公顷草原中，频繁发生火灾区占 1/6，火灾易发区占 1/3。新中国成立以来，我国发生草原火灾 5 万多次，累计造成的经济损失高达 600 多亿元，平均每年 10 多亿元。近年来，随着我国草原保护工程的建设实施，草原植被得到有效恢复，草原火险等级也在逐步增加，草原火灾威胁日益加重。我国北方地区属于温带草原，北方边境地区草原火灾发生率比较高，人为因素所导致的草原火灾占发生总数的 95% 以上。草原火的发生是由可燃物燃烧引起的。草原上的可燃物主要有两种，一种是枯萎的牧草；另一种是草原上各种畜牧的粪便。由于枯草的燃烧点比粪便的燃烧点要低，所以草原火发生的主要原因是枯草燃烧[6]。

目前，火灾研究者通常将森林火灾作为主要的研究对象，对于草原火灾的研究不是很多，因此关于草原火灾的研究方法和成果相对滞后。

## 1.1.2 国内外相关标准和规范的建立与发展

进入 21 世纪后，世界上发达的森林大国，如美国、俄罗斯、加拿大、澳大利亚等，在总结历年森林防火经验教训的基础上，均将预防森林火灾摆在各项工作首位，从本国实际出发制定了很多标准和规范。

### 1.1.2.1 国外相关标准和规范的建立与发展

#### A 美国

作为当今世界林火研究较为发达的国家，美国对于森林草原火灾有着历史悠久的研究。美国现有森林面积为 3 亿多公顷，是世界第四大森林资源丰富的国家。由于针叶树种占优势，大面积的幼林和中部地区的大陆性气候使其森林具有高火险性，每年有数百万公顷森林被烧毁，因此森林防火工作是美国林业部门的最重要工作之一[7]。

随着全球变暖、植物生长季节的延长和极端气候的变化，灾难性林火发生频率逐年增加。美国林务局就此展开了多方举措，采取了有效控制林火的各种措施。为了有效防止森林火灾和减少林火所造成的社会损失，林务局制定了"国家防火计划""健康森林倡议"和《健康森林恢复法》，规定森林服务机构将保护人民的生命和财产安全免受森林火灾侵害、保持森林生态系统的健康以及可持续发展作为重要使命。美国林务局管理着美国 2/3 的消防资源，为美国及世界各地扑灭灾难性森林野火做出了重要贡献。

美国于 1875 年成立的美国林业协会，是美国林务局的最初原型。1876 年，美国农业部为评估美国森林资源状况，成立了森林研究特别事务办公室。1881 年，森林研究特别事务办公室扩大为林业处。1891 年，美国颁布了《森林保护法》，授权国家从公众手中收回"森林保护区"土地，并将其交由内务部管理。1901 年，林业处改名为林业局。美国于 1905 年颁布的《转让法》规定，将森林保护区的管理权从国土总局（内务部下属）转移至林业局（农业部下属），机构名称也变更为林务局。1905~1945 年，国家森林管理的重点是保护土地，避免过度放牧，扑灭林火，保护鱼类和猎物，并向公众提供森林休闲服务。1916 年，美国颁布了《国家公园管理局条例》，宣布设立国家公园管理局，从此国家公园管理局与林务局一起共同管理美国森林服务事务[8]。2001 年，为了解决由多年来林火扑救、气候变化和森林生长导致的燃料积聚问题，林务局制定了国家消防计划。林务局与联邦机构、州政府和地方机构合作，以"1995 联邦荒地消防管理政策"和随后的"2001 联邦荒地消防管理政策"为国家消防计划的基础，制定了一项长期的林火管理战略。其中包括三个主要部分：恢复可适应林火的生态系统；协助城镇管理，维护市民受到林火威胁时的生命财产安全；采取有效措施应对林火灾害。

B　俄罗斯

俄罗斯是世界上拥有森林面积最大的国家，在过去几年，俄罗斯政府采取了大量措施来提高森林防火和保护能力。俄罗斯已经制定了一系列规则和规章制度，例如，俄联邦的森林法第 12 章第 92～102 条直接针对防火问题，1993 年 9 月 9 日，俄罗斯政府批准并且开始实施了《俄罗斯联邦森林火灾安全规章制度》，规定了各级政府不同水平的林火安全责任。另外，法律也详细规定了各级政府、不同公司、不同责任机构和居民的防火责任。2000 年，俄罗斯重新组织了森林防火机构，最高的森林防火管理机构是隶属于俄罗斯自然资源部的俄罗斯联邦林务局和中央航空护林总站。具体护林防火工作由各共和国和州林业局以及国家护林队完成，实行准军事化管理（相当于我国的森林公安或森林警察部队）。

2006 年 11 月 8 日，俄罗斯通过《森林法典》草案，新版《森林法典》从 2007 年 1 月 1 日起开始生效。其中第 11 条明确规定，为实现以下目的，公民进入森林可被限制：

（1）森林防火和卫生安全。

（2）进行作业时保障公民安全。

且规定，除第 11 条规定外，不许禁止或限制公民进入森林。该法典第 53 条明确规定，为保障森林中的防火安全，可以采取以下措施：

（1）安装森林防火设备，其中包括建设、改造、维护防火专用道路，飞机、直升机降落场。该飞机用于实施森林保护的航空作业。并设置林间通道、防火线。

（2）建立森林火灾预警和扑火系统和设备，并对该系统、设备进行维护，以及在高森林火险时期建立燃滑油料贮备。

（3）对森林火险进行监测。

（4）制定灭火方案。

（5）扑灭森林火灾。

（6）森林中的其他防火安全措施。

法典中还明确了承包人职责，森林防火安全措施由承租该林地地块的承租人依据森林开发方案实施。需要说明的是，该《森林法典》在明文规定一系列森林防火安全制度的同时，取消了由中央政府管理林区的制度，将林区保护责任下放给地方政府。然而由于消防建设、护林员聘用等所需资金巨大，地方财政和承租人难以承受，往往应付了事，因此大量护林员被解雇，大批森林处于无保护无看守状态，导致林区防火力度大打折扣，这也直接导致了俄罗斯2010年森林大火的恶果。

C 其他国家和地区

加拿大是世界上森林资源最丰富、人口密度最小的国家之一，全国有350个城镇依赖于林业生产，从业人员高达100多万人，占全国就业人员总数的十六分之一。加拿大各省和地区主导森林治理，包括管辖森林和林火的权力。森林治理的法律法规和政策因司法管辖区而异，但它们都是基于可持续森林管理原则而设立的。联邦政府在全国国家森林公园实施林火管理。加拿大所有林火管理机构都是自治的，具有独立的组织机构和管理办法。设立在曼尼托巴的加拿大综合林火中心（CIFFC）负责协调全国的林火管理。

澳大利亚处于南半球的热带及温带地区，因其四面环海，所以受海洋性气候影响较大，每年的10月至次年3月是澳大利亚的防火期。在澳大利亚的旱季，由于气温高，湿度小，风大，桉树含油脂多、特别易燃，因此一旦发生火灾，极易形成大火，扑救难度高，森林损失大。澳大利亚森林分属各州所有，按其权属又分为州有林和私有林两部分。权属划分决定了澳大利亚没有全国统一的林业或森林消防管理机构。根据澳大利亚法律法规，州和地方政府对灾难管理负主要责任。同时，由于澳大利亚很多住宅都建在林内，发生火灾后居民及民宅易受威胁，家火引起山火、山火引起家火的事件时有发生。因此，澳大利亚非常重视森林防火教育和培训，在法律中明确规定，年满21岁的公民必须接受专门的防火教育，16岁以上的公民则要接受专门扑火技能培训；并且实施用火管理许可证制度，规定任何2米以上范围的用火均须经许可。2020年1月6日，澳政府宣布成立国家林火救灾局，负责救灾和重建工作。

亚马孙热带雨林位于南美洲的亚马孙盆地，占地550万平方千米。亚马孙雨林横跨八个国家，即巴西、哥伦比亚、秘鲁、委内瑞拉、厄瓜多尔、玻利维亚、苏里南以及圭亚那，其森林面积占全球森林总面积的20%左右，是全球最大及物种最多的热带雨林。根据资料记载，1998年6月起，巴西国家太空研究院开始按月统计巴西境内森林着火点，亚马孙雨林也在观测范围内，观测结果显示，亚马孙雨林年年月月都发生着火事件。2019年8月，亚马孙热带雨林发生特大森林火灾，波及巴西、秘鲁与玻利维亚等国家，造成了巨大的经济损失。亚马孙雨林处于赤道附近，气候湿润不易发生火灾，研究表明，造成亚马孙地区的火灾增多的主要原因是人为开垦、放牧以及砍伐雨林后焚烧树枝、树叶等。为加强对亚马孙雨林的管理和保护，2004 年和 2006 年，巴西政府相继颁布了《预防和控制亚马孙地区森林砍伐行动计划》和《亚马孙地区生态保护法》，因此在 2004 至 2014年的十年间，亚马孙雨林的破坏速率要比之前十年下降超 80%。但随着巴西经济陷入困境，2014 年后，雨林破坏率开始上升，乱砍滥伐行为盛行，2019 年尤为严重。这也是造成 2019 年 8 月亚马孙雨林火点数激增的关键原因。

### 1.1.2.2　我国相关标准和规范的建立与发展

森林草原火灾具有突发性和破坏性。我国是一个森林草原火灾多发的国家，每年因此造成的各种损失不计其数。1984 年 9 月 20 日，我国通过了《中华人民共和国森林法》，并于 1985 年 1 月 1 日正式实施，分别从森林权属、森林保护、造林绿化、经营管理和法律责任等方面对森林进行管理。其中第四章第三十四条是关于地方各级人民政府森林火灾预防、扑救和处置工作内容，具体内容如下：

（1）组织开展森林防火宣传活动，普及森林防火知识；

（2）划定森林防火区，规定森林防火期；

（3）设置防火设施，配备防灭火装备和物资；

（4）建立森林火灾监测预警体系，及时消除隐患；

（5）制定森林火灾应急预案，发生森林火灾，立即组织扑救；

（6）保障预防和扑救森林火灾所需费用。

为了保护、建设和合理利用草原，改善生态环境，维护生物多样性，发展现代畜牧业并促进经济和社会的可持续发展，1985 年 6 月 18 日我国通过了《中华人民共和国草原法》，并于 1985 年 10 月 1 日起正式施行，分别从草原权属、草原规划和建设利用、草原保护、监督检查和法律责任等方面对森林进行管理。其中第六章第五十三条规定，草原防火工作贯彻预防为主、防消结合的方针。各级人民政府应当建立草原防火责任制，规定草原防火期，制定草原防火扑火预案，切实做好草原火灾的预防和扑救工作。

在森林草原火灾的防治方面，为了加强森林草原防火工作，积极预防和扑救森林草原火灾，保护森林草原资源，最大限度地保障人民的生命和财产安全，我国于 2009 年 1 月 1 日正式实施《森林防火条例》和《草原防火条例》。

《森林防火条例》依据《中华人民共和国森林法》制定，条例共计六章五十六条，重点从预防、扑救、灾后处置、法律责任四个方面进行规定，主要内容包括：

（1）以法规形式将森林防火方针固定下来；

（2）规定森林防火组织机构及其主要职责；

（3）规定森林防火预防和扑救具体措施，对森林防火期、野外用火管理、进入林区管理、森林防火设施建设、火险天气预测预报、建立专业和群众扑火组织、扑救森林火灾的组织和指挥、扑火费用支付等做出严格、明确的规定；

（4）规定违反森林防火条例行为所受处罚。条例第三条表明，我国森林防火的工作方针为"预防为主、积极消灭"；第五条规定，对森林防火工作实行地方各级人民政府行政首长负责制；第十条规定，各级人民政府、有关部门应当组织经常性的森林防火宣传活动、普及森林防火知识，做好森林火灾预防工作；第十六、第十七条要求，县级以上地方人民政府林业主管部门应当编制森林火灾应急预案。森林火灾应急预案应当包括下列内容：

（1）森林火灾应急组织指挥机构及其职责；

（2）森林火灾的预警、监测、信息报告和处理；

（3）森林火灾的应急响应机制和措施；

（4）资金、物资和技术等保障措施；

（5）灾后处置。

根据《森林防火条例》第四十条规定，按照受害森林面积和伤亡人数，森林火灾分为一般森林火灾、较大森林火灾、重大森林火灾和特别重大森林火灾（表1-2）。

表1-2　森林火灾级别划分

| 级别 | 划分依据 |
|---|---|
| 一般森林火灾 | 符合下列条件之一：<br>1. 受害森林面积在 1 公顷以下或者其他林地起火的；<br>2. 死亡 1 人以上 3 人以下的；<br>3. 重伤 1 人以上 10 人以下的 |
| 较大森林火灾 | 符合下列条件之一：<br>1. 受害森林面积在 1 公顷以上 100 公顷以下的；<br>2. 死亡 3 人以上 10 人以下的；<br>3. 重伤 10 人以上 50 人以下的 |
| 重大森林火灾 | 符合下列条件之一：<br>1. 受害森林面积在 100 公顷以上 1000 公顷以下的；<br>2. 死亡 10 人以上 30 人以下的；<br>3. 重伤 50 人以上 100 人以下的 |
| 特别重大森林火灾 | 符合下列条件之一：<br>1. 受害森林面积在 1000 公顷以上的；<br>2. 死亡 30 人以上的；<br>3. 重伤 100 人以上的 |

注：所称"以上"包括本数，"以下"不包括本数。数据来自《森林防火条例》。

《草原防火条例》依据《中华人民共和国草原法》制定，条例共计 6 章 49

条。主要从草原火灾的预防、草原火灾的扑救、灾后处置、法律责任四个方面进行规定，主要内容包括：

(1) 以法规形式将草原防火方针固定下来；

(2) 规定草原防火组织机构及其主要职责；

(3) 规定草原防火预防和扑救具体措施，对草原防火期、野外用火管理、进入草原管理、草原火险区划、火源管理、扑救草原火灾的责任等做出明确规定；

(4) 规定违反草原防火条例行为所受处罚。

条例第四条规定，草原防火工作实行地方各级人民政府行政首长负责制和部门、单位领导负责制；第八条规定，各级人民政府或者有关部门应当加强草原防火宣传教育活动，提高公民的草原防火意识；第十五条、第十六条要求，县级以上地方人民政府草原防火主管部门负责制定本行政区域的草原火灾应急预案。草原火灾应急预案应当包括下列内容：

(1) 草原火灾应急组织机构及其职责；

(2) 草原火灾预警与预防机制；

(3) 草原火灾报告程序；

(4) 不同等级草原火灾的应急处置措施；

(5) 扑救草原火灾所需物资、资金和队伍的应急保障；

(6) 人员财产撤离、医疗救治、疾病控制等应急方案。

为保障草原火灾的科学预防、扑救指挥及灾后处置，规范草原火灾统计报告划分级别，根据《中华人民共和国草原法》《草原防火条例》，2010 年 4 月 20 日，我国发布了《草原火灾级别划分规定》，将草原火灾划分为四个级别（表 1-3）。

表 1-3　草原火灾级别划分

| 级别 | 划分依据 |
| --- | --- |
| 特别重大（Ⅰ级）草原火灾 | 符合下列条件之一：<br>1. 受害草原面积 8000 公顷以上的；<br>2. 造成死亡 10 人以上，或造成死亡和重伤合计 20 人以上的；<br>3. 直接经济损失 500 万元以上的 |
| 重大（Ⅱ级）草原火灾 | 符合下列条件之一：<br>1. 受害草原面积 5000 公顷以上 8000 公顷以下的；<br>2. 造成死亡 3 人以上 10 人以下，或造成死亡和重伤合计 10 人以上 20 人以下的；<br>3. 直接经济损失 300 万元以上 500 万元以下的 |

| 级别 | 划分依据 |
|------|---------|
| 较大（Ⅲ级）草原火灾 | 符合下列条件之一：<br>1. 受害草原面积 1000 公顷以上 5000 公顷以下的；<br>2. 造成死亡 3 人以下，或造成重伤 3 人以上 10 人以下的；<br>3. 直接经济损失 50 万元以上 300 万元以下的 |
| 一般（Ⅳ级）草原火灾 | 符合下列条件之一：<br>1. 受害草原面积 10 公顷以上 1000 公顷以下的；<br>2. 造成重伤 1 人以上 3 人以下的；<br>3. 直接经济损失 5000 元以上 50 万元以下的 |

注：所称"以上"含本数，"以下"不含本数。数据来自《草原火灾级别划分规定》。

2020 年 11 月 23 日，我国发布并实施了《国家森林草原火灾应急预案》，该预案以习近平新时代中国特色社会主义思想为指导，深入贯彻落实习近平总书记关于防灾减灾救灾的重要论述和关于全面做好森林草原防灭火工作的重要指示精神，按照党中央、国务院决策部署，坚持人民至上、生命至上，进一步完善体制机制，依法有力有序有效处置森林草原火灾，最大程度减少人员伤亡和财产损失，保护森林草原资源，维护生态安全。《国家森林草原火灾应急预案》以《中华人民共和国森林法》《中华人民共和国草原法》《中华人民共和国突发事件应对法》《森林防火条例》《草原防火条例》和《国家突发公共事件总体应急预案》等为编制依据，从主要任务、组织指挥体系、处置力量、预警和信息报告、应急响应、综合保障、后期处置等方面规定了森林草原火灾的防火灭火工作细则。

### 1.1.3 国内外森林草原防火技术水平及其发展趋势

#### 1.1.3.1 国外森林草原防火研究

随着社会的发展，科学技术的进步，气象科学、遥感技术、电子计算机、激光、通信和航空航天技术的蓬勃发展，化学和生物技术的不断革新，以及现代科学管理的渗透，为森林防火提供了先进的手段和技术条件。如林火预测预报、红外线监测林火、雷达监测林火、激光监测林火、卫星遥感监测林火、通信、人工降雨灭火、飞机灭火以及计算机林火管理系统等新技术的应用，为有效地控制森林火灾的发生，把森林火灾的损失降低到最低限度提供了保证。美国、加拿大、澳大利亚等国家已从森林防火阶段进入了林火管理阶段，在灵活管理与技术方面进行了深入研究，并取得了新的进展。随着遥感、信息、模型和计算机等技术在森林防火中的应用，可以预计森林防火研究将在以下几个方面取得进展。

A 林火发生机理

火源、火环境和可燃物组成了燃烧环境。森林防火首先要控制火源，目前各国采取的措施主要是在游憩地采用生物防火技术，如营造防火林带和适当的森林计划火烧技术，可以有效地防止人为火源引发火灾。同时，加强对天然火源的监测，及时控制森林火灾。其次是通过生物技术改善火环境，利用混交林或防火林带降低森林火险。人们对林火行为进行了深入的研究，针对不同的可燃物类型建立了火烧模型，采取营林措施或计划火烧来控制森林可燃物的量，把森林火险降低到最低程度。

B　林火预测预报

美国、加拿大等一些国家已普遍建立了全国统一的火险预报系统，并建立了计算机网络信息系统，可发布长期、中期、短期火险预报，对于雷击火，已研制出能够自动定位测报雷击的装置，对林火的预测预报向着更准确的方向发展。目前，美国、加拿大、澳大利亚、日本等国均在火险季节发布中期、长期、短期的森林火险预报。美国、加拿大在20世纪50年代即形成两个火险预报系统：一个是全国性的火险预报系统，由气象局主持，结合天气雷暴预报等编制火险指标，并预防可能出现雷暴的地带；另一个是地方性的火险预报系统。两个系统可及时、统一地发布全国范围的火险预报，能够更方便、快速地调配扑火经费及力量。目前，美国、加拿大、澳大利亚等科技发达国家已基本上攻克了气象遥测、图像信息传输和计算机处理等关键技术，使林火预测预报实时、快速、准确。加拿大林务局北部林业中心研制出一种可以计算林火进展和蔓延速度的火势增长计算器，该计算器与计算尺相仿。只要取一些基本资料，如林地材料干燥程度和风速等，林火管理人员就可以用这种计算器准确地估算出火烧形状，从起火点起的火蔓延距离和火情大小等。这样，林火管理人员就可确定参加灭火的人数和需要设备的数量。俄罗斯利用轨道卫星预报林火，通过在卫星上安装一种灵敏度极高的火灾天气自然观察仪，来测定风向、风速、温度、湿度以及土壤含水量等方面的气象数据，并把收集到的资料传送至监视站，再将资料输送至电子计算机中心进行处理，并用电传通知近期有火险的地区。

C　林火监测

目前，世界上许多国家在林火监测上主要还是采取三种形式，即地面巡护、瞭望台瞭望和空中巡护。由于林海茫茫，只靠巡护员监测火情是完全不够的；采用瞭望台瞭望会受到多种条件的限制；靠飞机巡逻观察不仅耗资大，且其速度也不是最快的。因此，随着科学技术的发展，高科技被不断地应用到林火监测中，如红外线监测、电视监测、地波雷达监测、雷击火监测、微波监测和卫星监测等。这些新技术的应用，大大提高了林火监测的及时性和准确性。

进入20世纪80年代后，随着地理信息系统的发展，美国、加拿大等国家先后开展了利用卫星来探测和研究森林火灾。波兰采用将遥感和地理信息系统技术相结合的方式来监测森林火灾，并和比利时Gent大学合作建立了森林档案图、土地利用图、地形图等，把这些信息和由航空、卫星图像及地形数字高程

（DTM）模型所得到的各层信息共同添加到林火数据库（FFD）中，从而得到包含林分管理、附加信息、特性矫正和环境变化监测的结果。基于空间信息（包括森林植被图和遥感数据）和其他数据库信息，森林防火系统将得到进一步的发展。

D 防火通信技术

世界发达国家的森林防火通信已经基本实现了地面通信、地对空通信和空对空通信。美国利用卫星通信和电子天线实现了将通信信号覆盖全国，尤其是偏远林区，可实时而迅速地传递火情。加拿大形成了主要由地面站、防火基地、微波通信塔、无人中继站、联络站、无线电通信和空中飞机组成的林火通信系统。完善的通信设施和装备，使这些国家的森林防火力量形成了一个有机的整体，大大提高了他们的工作效率。

E 灭火技术

由于森林面积大，地面灭火会受到一定的限制，因此飞机被广泛用于巡护、探测、空降、机降灭火和空中喷洒灭火等各项工作中。从 20 世纪 50 年代起，俄罗斯、加拿大、美国和日本等国大力发展航空灭火，他们的森林防火工作以航空为主，有专门的航空护林飞行队，投入灭火的飞机数量多、种类多，实施灭火的方法多，技术和手段先进，航空护林防火灭火取得了迅速的发展。加拿大各省防火中心都拥有包括侦察机、直升机、重型洒水机在内的各种类型的飞机，目前每年防火期用于防火、灭火的飞机超过 1000 架；在运送灭火队员方面，普遍采用直升机和水陆两用飞机。据不完全统计，加拿大在森林防火中所使用的各类直升机已达 24 种，分为轻、中、重三种类型。加拿大星罗棋布的大小湖泊，为发展飞机载水灭火提供了有利条件。因此，除了利用直升机喷洒液灭火外，还大规模开展利用固定翼飞机洒水、洒化学药剂和投掷炸弹进行灭火。俄罗斯森林防火工作以航空护林为主，约 63% 的森林资源采用航空巡护和航空灭火。在美国，农业部林务局拥有航空护林飞机 10 余种，分布在全美各个航空基地；并与空军及数百架私人飞机订立协议，一旦航空公司飞机不能满足需要，即由他们的飞机进行支援。另外，美国还有一批航空跳伞人员，1979 年，跳伞灭火达 6690 人次。无论任何地区发生森林火灾，林务局都能在一天之内调数千名消防人员赶到火场，直升机空降消防队员至今仍在沿用。计算机技术在这一方面也得到了广泛应用，主要用于建立火灾管理系统、扑灭火灾系统等，实行林火管理模型化。加拿大的森林防火在实践中逐步形成了林火监测系统、林火通信系统、林火扑救系统、林火情报系统、林火指挥系统、设备供应系统和燃油供应系统七个工作系统，设备设施完善，防火系统化。美国通过投入大量的人力和物力，将信息处理、通信传输和遥感监测等学科最先进的科学技术应用于森林火灾的监测和扑救工作，并取得了良好效果，形成了美国的森林防火高级系统技术，简称 FFAST 系统。该系统能通过卫星通信网和各地防火部门建立联系，占用卫星通道和通信线路，迅速传递火情，指出相对的森林火灾强度，如燃烧面积、燃烧强度和蔓延方向，并能提供精确的定标定位信息。

### 1.1.3.2　我国森林草原防火研究

我国的森林防火工作相对于发达国家起步较晚，是从 20 世纪 50 年代才开始逐渐发展起来的，并以 1987 年 5 月 6 日发生的大兴安岭特大森林火灾为转机。几十年来，我国在不断总结经验教训的基础上，通过不断地探索和研究森林火灾的特点，有针对性地加强管理和技术防范措施，逐渐提高了对森林火灾的综合控制能力，使森林火灾次数、受害森林面积和伤亡人数有了明显的下降。但我国森林火灾仍然很频繁，造成的损失严重，其中一个重要原因是我国森林防火科研力量不足，预防和扑救森林火灾的科学技术手段还不够先进，加上资金不足，用于森林防火的投入较少，防火基础设施薄弱，控制森林大火的能力不强。因此，加强基础设施建设，提高我国森林防火科技水平，势在必行。

**A　林火预测**

我国的林火预测预报是从 20 世纪 50 年代初开始的。当时主要引进国外火险天气预报的方法，如苏联的综合指标法、日本的实效湿度法和美国的火险尺等。1958 年，在试用国外火险天气预报的基础上，林业土壤研究所根据森林燃烧过程包括着火和蔓延两个阶段的原理，研制成功"双指标法"，主要根据多种气象因子的综合影响来进行预报。该预报方法曾在某些省（自治区）推广应用，直到现在有的省仍在应用。到了 70 年代和 80 年代，全国各林区根据当地的气象要素、历史火灾情况以及可燃物含水率等研制的火险天气预报方法就有 10 多种，如东北伊春林区的"多因子相关概率火险天气预报"、吉林省辽源市林业局的"森林火灾危险天气预报"、福建省的"森林火险天气预报"、大兴安岭地区气象局的"多因子综合指标森林火险预报"和四川省甘孜的"火险天气等级系统预报"等。另外，还研制了多种火险尺，如东北林业大学、大兴安岭和黑龙江省绥化地区的"火险尺"等。上述的火险天气预报方法和火险尺的预报精度都比较高，一般准确率都在 80% 以上，有的甚至达到 90% 以上，其中绝大多数都已通过部级和省级鉴定，达到国内先进水平。目前，这些方法都仍在应用。80 年代后期至今，东北林业大学根据气象要素、火源、可燃物含水率、不同可燃物类型能量释放、地形以及其他火环境等对火行为预报进行了深入研究，一旦森林火灾发生，就可以预报火的蔓延速度、火的强度和能量释放等，为建立我国统一的国家火险等级系统预报奠定了基础。

**B　林火监测**

为有效减少森林草原火灾造成的资源损失，应结合现有手段，利用现代化科学技术，逐步构建现代高效的森林草原火灾监测体系。随着通信技术、计算机技术、空间信息技术的发展，森林草原火灾的监测能力得到了有效提高。对森林草原火灾进行科学、有效的监测，有助于掌握森林草原大火的潜在频率，跟踪评估火灾最有可能发生的地点，从而避免或降低火灾造成的损失。森林草原火灾监测通常分为地面监测、航空监测和卫星监测。

地面监测主要是在地面上通过人工巡查、塔台监测、雷达监测、预测预报模型等进行森林草原火灾的实时监测和预警预报。地面监测火情的优点是识别率高、定位准确，但由于林区环境复杂，地面监测会受到地形地势、自然条件的影响，因此在高温、高寒、雨雪雾霾等恶劣天气条件下不易进行监测，监测效率低。

航空监测通过载人机或无人机等低空飞行器搭载林火监测设备，实现对大范围的森林草原火灾进行快速有效的实时监测。航空监测具有反应速度快、效率高等特点，而且通过可视航拍遥控器可以增大观测视角、扩大监测范围。

卫星监测是指基于先进的成像设备，通过遥感系统、地理信息系统和全球定位系统技术的综合应用，实现卫星对森林草原火灾的监测。利用卫星遥感来监测森林草原火灾，可做到大范围的观测、快速确定火灾位置并估算火灾面积。卫星监测流程主要包括数据获取、提取位置信息、区域投影、大气校正、水体判识及火点识别等。遥感火点判识的原理是温度升高引起热辐射增强，不同热红外通道的增长幅度存在差异，从而进行判断识别。

C　防火通信技术

森林防火通信是森林防火工作的重要组成部分，是保证森林防火工作顺利进行的主要手段，在森林火灾预防扑救以及营林安全用火的各个环节中发挥着重要的作用。我国森林防火通信的方式有有线通信、无线通信、卫星通信和地空通信。随着我国电信事业的飞速发展，我国森林防火地面通信已基本成网，通过有线、无线、对讲机等方式，可畅通无阻地互通信息。其中，利用邮电系统的国家公用有线通信网实现了从国家林业局防火指挥部到全国各省市和重点林区市、地县森林防火办公室的有线通信。此外，全国各省级森林防火指挥机构，还与地（市）级防火部门和县级防火部门建立了相应的二级和三级无线电通信网，同国家森林防火办公室，在防火期定时联络。有的还建立了火场超短波通信。总体上看，国内外成功的技术和先进设备已经被应用到我国的森林防火领域中，如电话图文传真机、海事卫星电话、移动通信、集群通信、短波自适应通信、短波数据传输、网络数据通信等，这是过去所无法比拟的，为我国森林草原防火的预防、扑救和管理的科学化、规范化、现代化建立了良好的开端。

D　灭火技术

我国的森林草原火灾扑救仍然以人力手工工具灭火和风力灭火机灭火为主，在全国各地普遍适用。其他灭火机具，如灭火枪、灭火器、消防水泵和消防车等类型相对较少，数量也少，只在一些地区应用广泛。因此，整个防火机械化水平低。近几年，我国对航空灭火的设备进行了多方面的研制，如索降扑火人员的装置、飞机悬挂吊囊或吊桶、扩音器的装置和飞机点烧防火线和阻隔带装置等，都取得了很好的效果，有些已投入应用或试用；并研制成功了直升机喷洒化学灭火剂的装置，为飞机灭火开辟了新的途径。虽然航空直接灭火手段得到拓宽，并不断开发和投入应用，在东北林区，普遍实施了机降灭火、索降灭火、洒水灭火、吊桶灭火和机群洒液化学灭火等方式，但在西南林区，机降尽管能够普遍应用，还是不如东北，其他几种灭火方式都还在试验阶段。飞机在森林灭火过程中的作用还没有充分发挥出来，扑救特大火灾的能力还有待提高。

### 1.1.4　国内外森林草原火灾管理现状

#### 1.1.4.1　国外森林草原火灾管理现状

美国是世界上林火多发的国家，也是少数几个林火管理水平最高的国家之一。美国的林火专家把美国的林火管理分成四个阶段：1900 年以前，任其自然，不打火；1900～1971 年，森林防火，消灭一切火；1972～1994 年，林火管理，消灭火灾，但允许计划烧除；1995 年以后，生态系统管理，用火来实现管理目标。

历史早期的欧洲移民到美洲大陆时，常常用火来清理土地，以便于定居、开垦农田和其他目的。在北美大陆开发初期，除了自然因素引发的林火外，早期移民的生产和生活用火也常常引起森林火灾。由于北美大陆森林广袤，人口稀少，由人类活动引起的林火对整个森林生态系统的影响不大。虽然有时林火也会造成很大危害，如 1871 年发生在美国南部威斯康星州的两场森林火灾使 2250 人丧生。但总的来讲，在 20 世纪以前，美国的林火基本上处于自生自灭的状态，人们还没有意识到采取预防和扑救林火的措施。

到 19 世纪末 20 世纪初，当灾难性的森林大火对社会产生巨大影响后，人们开始认识到火对于森林生态系统和社会都有危害作用，火会破坏有价值的林木，干扰自然演替进程，引起财产和生命的巨大损失。特别是发生于 1910 年的灾难性大火，提高了社会对林火研究的兴趣。这些早期研究大都是由林务局的管理人员和研究人员在加利福尼亚共同开展的，主要包括林火案例研究与火灾统计的回顾分析。1915 年，林务局成立了一个新的林火控制部门和一个独立的研究分部。1926 年，林务局开展了一项国家林火研究项目，建立了加利福尼亚试验站，并把林火研究项目作为它的主要研究领域。1928 年，《迈克斯维尼——迈克纳瑞法案》规定联邦政府的所有林火研究都由林务局负责。早期的工作集中于火灾统计、火险和火行为的分析，重点发展林火扑救技术。这项工作也成为创建于 1935 年的"上午 10：00 政策"的基础（要求前一天发生的火灾要在第二天上午 10：00 前扑灭）。当时这一政策得到了政治上和公众的广泛支持，但一些研究人员和用火者（如美国东南部）对这项全面政策的科学性提出了质疑。虽然林务局的研究结果在几年后才公开出版，但林务局和一些大学的研究人员仍继续对经常的"轻度火烧"的影响进行研究。华盛顿、加利福尼亚和耶鲁大学的研究人员和佛罗里达的木材研究站是火生态和火应发挥其自然作用观点的倡导者。

虽然对"轻度火烧"和作为管理工具的计划火烧的作用与影响的讨论一直持续到现在，但林火的预防与扑救是林火管理讨论的焦点。到 20 世纪 40 年代，研究焦点逐渐开始改变，计划火烧逐渐被提倡和应用，森林防火政策也发生了改变，开始允许进行计划火烧。在多数情况下，国家公园事务局负责完成西部地区的计划火烧。但除南部外，计划火烧的面积通常很小。到 20 世纪 90 年代，一系列重大火灾成为单纯防火对生态系统和火险产生负面影响的科学证据，这增加了人们对荒地和城郊的林火管理的重视程度，从而致使联邦机构对林火管理政策做出重大改变。联邦政府的可燃物管理和计划火烧项目也有了很大转变，如美国农业部林务局和土地管理部内务部开始把林火管理与土地管理计划相结合。如果土地管理者想要降低发生灾难性大火的危险性，就要对大面积森林进行有效管理，确保植被的增加不会影响森林的健康，也不会提高森林火险，并监测管理措施对森林的影响。从 20 世纪林火政策变化的过程来看，林火研究提高了林火扑救能力，为人们改变对野火的态度与管理政策提供了科学依据。

火生态的研究成果使人们更深刻地认识火的本质：火烧是一个自然过程及火的自然作用、生态作用，保持并改善生态系统的龄级分布，使火依赖植物种得以延续，改善野生动物的栖息地，保持生态系统的健康，定期的火烧是森林经营的工具，长期不过火的林分将易于被火毁灭。

虽然官方政策不允许，但计划火烧仍被一些地方应用，特别是在东南部和西部火间隔期短的松林系统中。20 世纪 40 年代和 50 年代，计划火烧作为一种管理工具开始越来越多地被南部和西部的一些地区所采用。两次世界大战期间和战后，联邦的许多林火研究项目着重于军事目的，开展的研究课题包括核攻击引起的大量火灾研究，截至目前，这些研究的许多结果仍属于机密。20 世纪 50 年代初，林务局林火研究项目的重点又回到野火预测、火行为和野火控制等方面，特别是对灭火装备与扑救技术进行了大量研究，如灭火飞机、隔离带，而火对生态系统的影响的有关研究则不是重点。这一时期，林务局在航空灭火剂的投放与测试方面也开展了大量的研究项目，目前这一项目作为发展与应用项目，由林务局与航空部门支持，还在继续进行。同时，大学和研究所的研究增加了火生态和火自然作用的内容。1953 年和 1955 年的严峻防火期后，联邦政府增加了对林火研究的支持；50 年代后期，林务局终于在蒙大拿的密苏拉（Missoula）、佐治亚的梅肯（Macon）和加利福尼亚的里弗赛德（Riverside）建立了三个主要的林火研究实验室。这些实验室最初主要研究火运行支持系统的模型与工具（包括火行为和火险等级系统），但后来的研究项目逐渐集中在火对生态与环境的影响、防火与用火方面。20 世纪 70 年代，林务局在亚利桑那开展了一个主要研究项目，研究火生态与管理和火对土壤侵蚀与集水区的影响。太平洋西北实验室开展了一个大型研究项目，着重研究采伐剩余物燃烧、烟雾和森林可燃物，中北部森林与草地实验站开展了野火管理和大气变化对社会的影响的研究。在过去 30 年中，联邦政府和大学的火研究在资金支持与研究能力方面都发生了很大变化。20 世纪80 年代，火研究基金的减少导致梅肯实验室关闭，大量人员流失，研究人员严重减少，其他地区的项目也被迫停止。林务局项目的研究人员减少趋势一直持续到 90 年代，在 1985～1999 年间，林务局林火研究项目的固定工作人员减少了大约 50%。目前，除两个主要实验室外，50%以上的美国林务局林火研究人员常常从事一些跨学科的研究项目，如造林或生态系统研究。内务部的少部分火研究项目，原来主要属于国家公园事务部，也由于行业重组而中断，现在归属于美国地质勘查部（USGS）下的内务部（DOI）研究项目。过去 20 多年里，许多大学，包括华盛顿大学、加利福尼亚大学、北亚利桑大学、亚利桑州立大学、蒙大拿大学、爱达荷大学、杜克大学和科罗拉多大学，已经在火研究的各个方面具备了很强的研究力量，特别是在火生态、火历史和遥感方面，有了很强的研究基础。在20 世纪 80 年代和 90 年代，美国林火研究的主要成就包括：发展了火行为模型系统、国家火险等级系统、可燃物模型、紧急事务指挥系统、火发散模型；改进了季节火险预测模型；对于火天气、火生态、火对土壤侵蚀和植被结构及动态的影响、养分循环等有了更深的理解。卫星数据也得到广泛应用，现在可以在互联网上得到大尺度的火险图和其他参数。美国林火学家研制的许多系统（如 BEHAVE系统、景观火模型系统 FARSITE、紧急事务指挥系统）在国外得到广泛应用。在研究的发展与应用上，林火研究人员与应用者密切合作。目前，美国的许多林火研究在各个机构之间展开，一般包括联邦、州、地方土地管理机构、非政府组织、大学、美国林务局、美国地质勘测部、美国国家航空航天局、能源部和其他一些管理机构，如环境保护机构和国家空气质量委员会之间的合作，科研资金也通常来源于多种渠道。1998 年建立的机构间联合火科学项目，为联邦政府的土地可燃物管理提供了科学支持，也为火科学在各学科上的应用提供了竞争性基金。其他方面的火研究由美国国家航空航天局、环境保护机构和其他机构提供资金支持。美国的林火研究还比较注重国际合作。长期以来，美国和加拿大的林火研究人员实行资料共享，经常进行学术交流，促进了双方林火研究的发展。同时，美国还和其他国家，如西班牙、葡萄牙、澳大利亚、德国、中国、日本、南非、津巴布韦、巴西、洪都拉斯、危地马拉、墨西哥和法国等国家进行了长期合作。这些合作有助于对火行为模型、火作用、植被动态、火管理策略、社会与经济因素对火应用和灭火的影响、火与全球变化的相互作用等问题的理解。当前，国际合作研究的一些主要领域包括火监测、过火面积的遥感测量、火行为模型的发展与检验、碳循环和生态系统过程模型、计划火烧应用与影响等。

今后，美国的火研究将受到几种趋势的强烈影响，包括：更加注重把林火管理纳入土地管理计划中；重新认识林火对森林健康和可持续性的影响；在地区、国家和全球碳计算中，进一步量化火灾动态变化的影响；对火与其他重要干扰，如全球变化、极端天气、病虫害的相互作用的理解和预测；林火管理的社会作用。要研究这些问题，就要求把火计划与经济学、物理科学、火作用、生态系统方法和社会科学的研究相结合。

具体要求包括：

（1）更好地量化火在景观尺度上的范围与强度，以及火对生态系统动态和碳循环的影响；

（2）改进烟雾发散模型，以便更好地进行空气质量管理和更好地了解燃烧产物对区域与全球的影响；

（3）改进火天气模型和火险预测与制图系统；

（4）在景观和国家的水平上，监测和模拟植被（可燃物）管理措施的影响；

（5）经过改进与验证的火行为和火影响模型相结合的模拟系统；

（6）有关可燃物制图与监测的方法和随时间变化可燃物发展与演替模型；

（7）评估管理策略对环境和效益的影响；

（8）火和其他干扰的相互作用模型与深入理解。

林火扑救计划与管理工具会继续得到发展，同时，未来的火研究将重点转移到有助于管理者和政策制定者确定相关关键问题的研究上，包括景观生态管理、计划策略、火影响、火管理策略对地区与全球环境的影响、火对为满足人类需要的生态系统可持续性的影响。

### 1.1.4.2　我国森林草原火灾管理现状

人类对林火的认识经历了用火为主→防火→林火管理三个阶段。

第一阶段：用火为主阶段。远古时代的人类为了生存，同野兽斗争、放火烧山驱兽等。为了得到粮食和其他农作物，焚林开垦，刀耕火种。这个阶段大片森林被毁，导致世界森林面积日渐减少。

第二阶段：防火阶段。森林火灾不仅烧毁森林，中断人类获取资源的关系链，同时威胁人们的生命财产安全。因此，人们开始采取多种手段和措施来防止森林火灾的发生。通过建立一系列防火组织机构，制定防火法规，结束刀耕火种的历史。但是这个阶段的人们将火灾看成是完全有害的，杜绝森林中的一切用火，这是不科学的。

第三阶段：林火管理阶段。林火管理的前提是遵循林火的客观规律，运用管理科学的原理和方法，通过计划、组织、指挥、监督、调节，有效地使用人力、物力、财力、时间、信息，达到阻止森林火灾、保护森林资源、促进林业发展、维护自然生态平衡的目的。这个阶段的人们已经意识到火虽然会给森林带来损失和损害，但是也可以通过正确地利用火，使火为人类所用，对森林有益。

现代化林火管理包括管理组织系统化、管理方法法制化、管理人员专业化、消防队伍正规化、消防装备现代化、消防技术科学化。林火管理必须坚持四项基本原则，即群众性原则、科学性原则、民主集中性原则、依法管理原则。

现代化林火管理需要遵循的基本原理有：一是辩证唯物主义和历史唯物主义基本原理；二是火和火灾的基本原理；三是系统论、信息论、控制论的科学方法以及相关原理，如系统整理性原理、动态相关性原理、时空变化性原理、信息传递性原理等。

## 1.2　国内外森林草原火灾发生情况的异同

森林草原火灾危害极大，处置救助非常困难，国内外森林草原火灾的发生情况有所不同，总体来说，世界森林草原火灾面积大、持续时间长、扑救难度大，火灾的发生从季节性向全年性转变，从区域性向全球性转变，高强度火灾次数明显增多。相比较而言，我国森林火灾的区域性更加明显，东部多西部少，南方多北方少。

### 1.2.1　各国或地区森林草原火灾发生特点

#### 1.2.1.1　世界森林草原火灾发生特点

近几年，美国加州地区连续爆发特大森林火灾，"火焰山"模式似乎已成为加州常态。但更值得注意的是，北极圈附近的阿拉斯加林火频发，这种情况在之前是极为罕见的。数据显示，2019 年，阿拉斯加州森林火灾受害面积为全美国各州最高，其中超过 98% 的受害森林面积是由雷击火造成的。

加拿大森林资源十分丰富，同时也是森林火灾多发的国家。据加拿大自然资源部统计，在过去的 25 年中，加拿大每年大约发生 7466 起森林火灾，平均受害面积约 250 万公顷/年。近年来，整体森林火灾较之前有所减少，但部分地区火灾形势格外严峻。其中以阿尔伯塔省、育空地区、安大略省受害面积最为严重。为控制森林火灾，加拿大每年投入的灭火资金高达 5 亿~10 亿加元。由于气候变化和人类活动的增加，加拿大的林火严重度和频度预计会增加。加拿大政府也已经意识到加强森林火灾管控的重要性，由加拿大自然资源部—加拿大林务局组织制定的《加拿大野火科学蓝图（2019—2029）》中，明确提出加强野火相关研究的建议，并针对性地提出六个具体研究主题，明确现有研究的差距和优先研究方向，以期更加科学有效地应对未来频繁、复杂和极端的森林火灾。

俄罗斯也是世界上森林火灾危害最为严重的国家之一。近年来，俄罗斯森林火灾形势持续恶化，2019 年俄罗斯全境共发生森林火灾超过 1.4 万起，过火面积达 1000 万公顷，比 2018 年增加了 16%。据俄罗斯紧急情况部统计，绝大多数森林大火是人为原因引起的，如野外抽烟、打猎、篝火、车辆运输产生的火花，甚至人为纵火等。每年夏天是俄罗斯森林火灾高发的季节，持续高温、大风天气使得俄罗斯中部大片森林、灌丛极度干燥，容易引发森林大火。从 2019 年 6 月份开始，西伯利亚和远东地区爆发大规模森林火灾，将近 300 万公顷西伯利亚针叶林被大火烧毁，大部分火灾区域由于位置偏远、交通不便，地方政府根本无力扑救，只能任其燃烧。造成俄罗斯森林火灾难以扑救的原因是多方面的：一方面，俄罗斯许多林区地形极其复杂，地上消防灭火设备开展实施比较困难，且航空灭火力量薄弱，面对爆发的森林大火显得力不从心；另一方面，2007 年开始生效实施的《俄罗斯联邦森林法》改变了俄罗斯的森林管理政策，将原属中央政府的林区管理权下放到了地方政府，结果由于缺少中央政府的监督，导致地方防火力度大打折扣。加之气候变迁促使全球温度持续升高，2019 年是俄罗斯近 130 年有记录以来最热的一年，更严重的是俄罗斯的气温上升速度比全球其他地方快 2.5%，这使得当地气候更加干旱，也更容易引发森林大火。

同样引发世人关注的还有亚马孙雨林，每年 6~10 月份是亚马孙地区的旱季，也是森林火灾高发期，尤其以 8 月份、9 月份最为集中。世界气象组织（WMO）发布的《2019 年世界气象组织关于全球气候状况声明》中的相关报道称，2019 年亚马孙地区的火灾数量略高于近 10 年平均水平。

全球森林草原火灾呈现出以下四个特点：

（1）火灾从季节性向全年性转变。全球极端天气增多，高温、干旱、大风天气频发，林火风险不断加大，火灾季节明显延长，全球的森林火灾从季节性爆发转向全年发生。据统计，在 2019 年 1~8 月期间，巴西亚马孙热带雨林火灾累计超过 7.2 万起，较 2018 年同期增长 83%。2019 年 7 月开始的澳大利亚森林大火持续燃烧 7 个多月，火灾发生不再具有明显的季节性。

（2）火灾从区域性向全球性转变。在全球气候变暖的大背景下，不论是发达国家还是发展中国家，不分少林国家和多林国家，森林草原火灾在全球范围内频发。过去一些相对潮湿、很少发生火灾的森林生态系统也频繁遭受林火肆虐。炎热潮湿的热带雨林在旱季更是频发林火，亚马孙雨林和非洲刚果雨林的火灾次数异常惊人，这使得灭火救助工作更加艰难，热带雨林火灾的扑救成为全球共同面对的难题，更需要林火管理的工作重新做出调整。

（3）高强度火灾次数明显增多。由于全球受气候变化等因素的影响，以及森林分布和地形要素的耦合作用，使得森林草原更容易发生火灾并蔓延，且容易发生极端火行为。火旋风、爆燃、飞火等现象促使火场面积扩展迅速，且燃烧持续时间长，增加了火的蔓延。从火灾案例上看，各国火灾均有由低强度火灾向高强度火灾转变的特点，火势快速蔓延，大部分时间处于失控状态，对当地群众生命财产和森林生态系统造成严重威胁，一些被破坏的生态系统需要长达200年才能恢复。高强度的森林火灾影响着社会、经济和生态等领域的可持续发展，严重破坏了当地正常的生产生活秩序。世界自然基金会数据显示，欧洲每年因森林大火造成的经济损失高达30亿欧元（约232亿元人民币）。

（4）火灾面积大、持续时间长、扑救难度大。全球森林火灾集中体现的特点是火灾危害的面积大，持续的时间久，扑救过程艰难。仅澳大利亚2019年7月的大火的累计过火面积就超过1940万公顷，持续燃烧7个多月，受极端火行为影响，扑救极其困难，在澳大利亚乃至世界历史上也是罕见的。2023年5月份加拿大艾伯塔省北部爆发山火，大火燃烧了1个月，过火面积超过30万公顷。2019年8月份亚马孙雨林火灾燃烧1个月，森林过火面积超过400万公顷。2019年，美国全年山火过火面积累计达到187万公顷[9]。

### 1.2.1.2　我国森林草原火灾发生特点

我国位于亚洲东部，太平洋西岸，南起海南省南海曾母暗沙群岛（北纬3°43′），北至黑龙江省漠河市北极村（北纬53°33′），横跨近50个纬度；东至黑龙江省抚远市的乌苏里江与黑龙江的交会处（东经135°00′），西至新疆维吾尔自治区帕米尔高原的乌孜别里山口（东经73°36′），跨近62个经度。地势西高东低，地貌类型多样，气候类型复杂。全国大部分地区位于亚热带和北温带之间，属东亚季风气候。冬季寒冷干燥，南北温差可达40 ℃；夏季高温多雨，温差小。降水自东南向西北由1500 mm递减至50 mm以下。我国植被分布具有明显的"三相性"，即纬度地带性、经度地带性和垂直地带性。森林分布从南向北依次为热带雨林、季雨林、亚热带常绿阔叶林、暖温带落叶阔叶林、温带针阔混交林和寒温带针叶林。植被由东向西依次为森林、森林草原、草原和荒漠。在亚热带地区，由于青藏高原的突起，植被由低到高依次为森林、高山草甸、高山草原和高山荒漠。由于地理、气候、植被等差异，加之各地经济、社会等的不同，全国各地森林草原火灾时空分布具有明显的差异。

（1）我国森林草原人均资源少，火灾严重。《2022年中国国土绿化状况公报》显示，目前我国森林面积为2.31亿公顷，森林覆盖率达24.02%；草地面积为2.65亿公顷，草原综合植被盖度达50.32%。我国森林面积居俄罗斯、巴西、加拿大、美国之后，列第5位，人工林面积继续位居世界首位，然而我国人均森林面积仅为世界人均占有量的1/4。1950年至2020年间，我国共发生森林草原火警和火灾约82万起，一般森林草原火灾48.9万起，重大和特别重大森林草原火灾约3000起，年均发生火灾1.15万余起，伤亡人数3万多人。

（2）森林火灾分布不均，东部多西部少。我国森林分布从东北的大兴安岭南下直至西南部的青藏高原前缘，以400 mm降水线为界，大致将国土分为面积相等的东西两部分。东部为森林分布区，西部为草原、荒漠分布区。东部的森林占全国森林面积的98.8%；西部森林仅分布在青藏高原，且多分布在谷地和新疆山地，占全国森林面积的1.2%。森林火灾东多西少，主要原因有两个：一是我国森林主要分布在东部；二是东部人口密度大，人类活动频繁，人为火源多。东部的森林多为连续分布，西部多为间断分布。因此，我国东部地区森林火灾次数和面积明显多于西部。

（3）森林火灾次数南方多于北方。我国南方省（自治区、直辖市），如云南、广西、广东、海南、福建、江西、湖南、贵州、四川等地，每年森林火灾次数占全国森林火灾发生总次数的80%以上，全国其他地区仅占10%以上。不难看出，我国森林火灾次数主要集中在长江以南的一些省（自治区、直辖市）。南方主要林区多为低中山地和丘陵地带，人烟稠密而分散，交通不便；多为农林镶嵌区，生产、生活用火多。大多数森林火灾是由农业生产用火不慎引起的。

（4）森林火灾面积主要集中在东北和西南两大林区。我国黑龙江、内蒙古、云南、广西、广东、福建、贵州七个省（自治区）的森林受害面积占全国总受害森林面积的87%以上。其中，东北的黑龙江、内蒙古和西南的云南、广西四个省（自治区）的过火森林面积占全国过火森林总面积的72%。不难看出，我国森林火灾过火面积主要集中在东北和西南两大林区。东北林区地处我国最北部的高寒区，人烟稀少，交通不便，有些地方百里无人。森林火灾发生后，一是不能及时发现、及时报警；二是交通不便，扑火人员不能及时赶到火场进行扑救，因此往往酿成大火和特大森林火灾。加之受典型大陆性气候的影响，春秋两季干燥，风大，植被的易燃性很高。这也是东北林区森林大火连年不断的重要客观条件。特别是"呼大黑"（"呼"指内蒙古的呼伦贝尔市；"大"指大兴安岭林区；"黑"指黑龙江省黑河地区），是东北林区的重中之重。这三个地区每年受害森林火灾面积约占全国的60%，绝大多数森林大火都发生在这一区域。西南林区地处我国西南的云南、广西、四川等省（自治区），多高山峡谷，一旦发生森林火灾难以扑救，因此小火也常酿成大灾。另外，西南林区由于交通不便，山高坡陡，扑火时常常会造成人员伤亡。例如，1986年发生在云南省安宁市和玉溪市的森林火灾，过火面积超过2000 hm$^2$，在扑火过程中烧伤99人，死亡80人，损失十分惨重。

（5）规模较小的火灾基本能得到控制。我国森林火灾90%以上为火警和一般森林火灾，其过火面积仅占全国森林火灾面积的5%。也就是说，在我国有90%的火灾能得到及时控制。而难以控制或失去控制的森林大火灾和特大森林火灾，虽然次数不足森林火灾次数的10%，但其过火森林面积约占总森林过火面积的95%。我国同其他许多国家一样，对控制森林大火尚无良策。

概言之，森林草原火灾发生突然、蔓延迅速、难以控制且危害极大，是世界各国防范与应对自然灾害的重中之重与难中之难，各国尚没有应对之策。森林草原火灾一旦发生，就可能造成重大人员伤亡和财产损失，并使生态遭到严重破坏，危及山水林田湖的系统安全。在全球气候变化的背景下，森林草原火灾的发生频率会明显提升，因此必须从各个方面提升对森林草原火灾的防控措施。

### 1.2.2　各国或地区森林草原火灾潜在风险和防治难点

近几十年来，在全球气温不断上升、更频繁的热浪侵袭和大面积干旱的背景下，森林火灾发生的危险性大大提高，国内外都在积极探究森林草原火灾的发生要素和影响因素，防御和控制森林火灾也成为各国关注的焦点。森林草原作为人类赖以生存的重要物质资源，具有调节气候、净化空气、防止耕地沙漠化等作用。森林草原火灾会烧毁林木和林下植物资源，危害野生动植物资源，引起水土流失；火灾释放的烟气会导致空气污染程度加重，严重影响当地气候和耕地保护工作；更重要的是，森林草原火灾会给国家和附近居民造成极大的经济损失，甚至危及周围居民的人身安全。因此，地方政府和国家需对预防森林草原火灾投入大量财力、物力和人力，防患于未然。

#### 1.2.2.1　森林草原火灾潜在风险

当前，全球森林草原防灭火形势异常严峻，不断上升的气温、更频繁的热浪侵袭和大面积干旱容易形成有利于火灾发生蔓延的条件。基于典型火灾事件和森林草原火灾特点分析，从以下四个方面分析森林草原火灾存在的潜在风险。

**A　气候异常**

随着全球气候变化不断加剧，极端天气、自然灾难和高温热浪出现的频率和强度逐年增加，世界各地发生森林、草原火灾的次数增加、规模扩大，严重危及人类的生命、财产安全和生态环境。变暖的趋势正在并将持续地对自然生态系统和社会经济系统产生多方面、多层次的影响。世界气象组织发布的数据显示，2018 年全球平均温度较工业化前水平高出约 1 ℃，2014~2023 这十年全球平均温度呈上升趋势。在全球气候变暖的宏观环境下，各个国家地区高温天气增多，气候干旱少雨，恶劣的气候环境是导致森林火灾的重要原因。我国是全球气候变化的敏感区之一，1951~2023 年，我国地表年平均气温呈现出显著上升的趋势，平均每 10 年升高 0.24 ℃，高温干旱的天气使森林更加干燥易燃，森林火灾明显增多[10]。

**B　可燃物持续增多**

目前，各国林业生态建设和林业产业快速发展，森林资源总体上呈现数量持续增加的良好发展态势，但其所带来的森林防火压力也不断加大。森林资源的持续增长和天然林商业性采伐的全面停止，使林草资源得到了有效的保护和恢复，导致林源区和林下可燃物数量增加。森林草原防火压力进一步加大，防火险等级进一步提高。以我国为例，东北、西南等重点林区可燃物载量持续增加，部分地区的可燃物载量超过 50 t/hm²，远远超出国际公认的可能发生重特大森林火灾的 30 t/hm² 的临界值，且森林资源质量较差，中幼龄林面积比例高，森林抗火能力差，极易发生重特大森林火灾，造成森林资源的重大损失。加之重点林区地形复杂、地势险峻，发生火灾后兵力投送、扑救难度大，一旦发生重特大火灾，后果不可想象。部分国家地区森林中可燃烧物质较多，经过长时间累积后极易形成火灾隐患。澳大利亚是桉树等高含油植物的主要产地，桉树在生长的过程中会不断脱皮，这些桉树皮大量累积下来，为火灾的发生埋下了巨大的安全隐患。桉树作为一种富含植物油的树种，当气温超过 45 ℃时，便能够自行燃烧，不仅如此，一旦这种含油量巨大的树木遇到明火，那么其燃烧速度就会极快，是森林大火的主要燃烧物，此类树木火灾的扑救工作难度较高。

C　火源隐患增大

引起森林草原火灾的火源分为自然火源和人为火源两大类，其中自然火源含雷击火、火山爆发、泥炭自燃、陨石撞击等，人为火源含农业与林业生产用火、野外非生产性用火、故意纵火等。森林草原火灾火源中，以人为火源为主，约占 90%。火源隐患主要源自刀耕火种的农业做法，当地居民将大量的森林砍伐，将草木晒干以后进行燃烧，不仅能够扩大耕地的面积，而且由于燃烧可以杀害土壤中大量的虫卵和其他生物，可以为农业的发展提供更多的空间，同时也可以为土壤源源不断地补充营养，促进农业和畜牧业的发展，所以森林草原区遭受到居住地农业人口巨大的破坏。人为火源管控难度增大，加之受极端天气影响，干雷暴持续频现，导致夏季雷击火集中爆发，森林草原火灾的潜在风险不断加大。

D　生态环境危机

森林草原火灾会毁坏森林资源和草原资源，破坏动植物栖息地，严重危害生态平衡，造成生态危机。森林草原火灾的发生会给地球生态留下巨大的隐患，近年来，亚马孙雨林频发的林火事故引发了国内外的关注，亚马孙雨林被人们称为"地球之肺"和"绿色心脏"，每年可以将约 20 亿吨的二氧化碳转化为氧气，全球总氧气量的 20% 左右是由亚马孙雨林产生的。雨林对保持地球的气候稳定起到了重要的作用，亚马孙雨林除了每年产生氧气外，还容纳了大量的二氧化碳，它的二氧化碳保有量在 1000 亿吨左右。但是，由于遭受火灾，雨林吸收二氧化碳和排出氧气的能力均有所降低，而且一些原本在密林中的二氧化碳也被释放到了大气中。随着雨林面积不断减小，温室效应必然会加剧，进而导致水土流失、旱灾、土地荒漠化、动植物资源遭到破坏等一系列问题，严重破坏生态平衡。

1.2.2.2　森林草原火灾防治难点

森林草原火灾是严重的自然灾害之一，如果处置不当，将会演变成国家灾难，造成严重的人员伤害和经济损失。大火警示我们，森林草原火灾不仅是严重的生态问题、经济问题、社会问题，也是严肃的政治问题和国际问题。做好森林草原防火工作，积极攻克火灾防治难点是十分关键的，需要各个方面统筹推进，目前森林草原火灾的防治难点主要在于对火源的管理和火灾的扑救两大方面。

A　火源管理

可引发森林火灾的因素非常多，既有自然因素，也有人为因素。人为因素引发的火灾与人在林内的各类活动密切相关，偶然性大、预警困难，是森林火灾防控管理的重点和难点，如野外抽烟、打猎、篝火、车辆运输产生的火花，甚至人为纵火等。多数的森林草原火灾都是由人为原因引起的，要加大火源管控力度，精准做好森林草原火灾风险隐患排查工作。强化宣传教育，开展防火宣传进学校、进社区，利用电视、广播、微信、短信等手段宣传防火知识，大力营造全民防火的浓厚氛围。未经审批的生产用火，原始粗放作业和机械化作业也存在火源问题。重点林区植被生长茂盛、地表细小可燃物增多、林下可燃物载量增加，森林易燃性和火强度较高，且多地林区树种以易燃的针叶林等人工纯林为主，当遇到高温或干旱情况时，极易引发火灾，一旦引燃，火势蔓延迅速，易形成较大火灾和造成扑火安全隐患。此外，由于经济的迅速发展，近年来各地林区经营活动日趋活跃，森林草原旅游发展迅速，入山人员集中，火源隐患增大。人为火源易发难控，高温、干旱、雷击等极端天气的影响也会加大森林草原火灾的防治难度。森林草原防火，人人有责，做好森林草原火灾防治工作，首先要把住预防关口，切实强化野外火源管理。在平时的生活中，无论是在林区牧区生活的群众，还是进山旅游、进行生产生活活动的其他人员，首要任务就是要了解森林草原防火的相关规定，掌握安全用火、安全避险的基本常识，注重森林草原火灾风险管理，从识别、预防、应急和恢复各个环节完善工作体系。进入防火关键期，要组织相关人员进山入林开展设卡、巡护、清山等防火勤务工作，共同构筑密集的防火管控网络，有效防范火灾发生。此外，澳大利亚 2019 年发生的失控大火也警示我们，气候变化形势下干雷暴天气不断增多，必须采取积极有效的措施，有效防控雷击火。

B　扑救不力

目前世界各国都在不断加强森林草原火灾的应急处置水平，利用物联网、大数据、云计算等现代化科学手段，在一定程度上提升了灭火效率，但森林草原火灾风险管理仍缺乏科学性，多年不发生森林大火，容易产生麻痹大意思想，个别地区对森林防火工作的重视程度不够。森林火灾重要致灾因子不能及时科学地被监测评估，一些深层次但极为关键的风险缺乏有效监测技术手段与预警渠道，火灾的快速有效扑救仍然是世界难题。火灾发生时，初发火扑救不力，专业消防队伍和航空消防仍存在管理缺陷，人员无法快速到位和综合保障不到位等都会使得小火处置不当酿成较大火灾。由于森林地处山区,地形错落复杂且交通不便,信息不畅,因此一旦发生火灾,只能靠周围群众进行灭火,消防单位很难开展营救工作。俄罗斯许多林区地形极其复杂,地上消防灭火设备开展实施比较困难,且航空灭火力量薄弱,面对爆发的森林大火显得力不从心。同时,一些欠发达国家根本没有足够资金用于发展森林防灭火基础设施建设及火灾扑救设备配置、人员培训等,火源管理疏忽,灭火设备老旧,缺乏森林火灾应急救援专业能力,在火灾发生时常常束手无策,难以有效控制火灾,造成火势蔓延扩大。2010 年,以色列发生山林大火,由于全国仅有 1400 名消防员,人员严重吃紧,因此在火灾发生 7 小时之后,全国的消防设备就用光了,只有向国际社会求援。由此可见,国内外急需落实森林草原火灾规划,建立专业的森林草原火灾应急救援队伍,着重加强专业队伍技能和业务素质培训,增加配备先进大型机械和扑火装备,研究分析新形势下的扑火战术,探索无人机等新技术在扑救特殊地形火灾中的应用,提升扑救树冠火和悬崖峭壁火的能力。进一步完善较大以上火灾处置预案,整合各方力量,建立重大以上火灾或同时多起较大火灾跨区增援作战机制,提升重大火灾攻坚作战能力。在科技信息化迅猛发展的背景下,各个国家地区应改变以往数据资源孤立使用的状态,充分利用物联网等现代化手段,综合分析天气、林情、历史火灾情况等各种因素,科学预测森林火险等级,实现森林火灾立体化监测,充分整合资源、节约成本,提高森林防火信息化运行效率,实现森林防火应用数据互联互通、共享共用。及时发布预警信息,提高预警监测水平,采取超常规思路,提前防范部署,确保火情早发现、早处置。

# 1.3 国内外森林草原火灾典型案例

## 1.3.1 澳大利亚森林大火

### 1.3.1.1 火灾经过

从 2019 年下半年开始,澳大利亚经历了一个漫长和严峻的火灾季节。7 月,新南威尔士州首先发生森林大火,随后几个月,在异常干燥和极端高温的环境中,加之持续西风的强力作用,火灾迅速向南蔓延。火灾在 12 月份达到顶峰,新南威尔士东南部,特别是海岸附近和维多利亚东部,以及阿德莱德附近和南澳大利亚的袋鼠岛火情尤其严重。澳大利亚气象局统计显示,12 月份新南威尔士州、昆士兰州、南澳大利亚州和澳大利亚首都特区的森林火险指数均为有记录以来的最高值。截至 2020 年初,火灾已造成 33 人死亡,2000 多处财产受损,新南威尔士州和维多利亚州共有 700 万公顷土地被烧毁。

### 1.3.1.2 主要原因

造成澳大利亚火灾如此严重且持续时间如此之久的重要原因是其异常干燥的

气候和降水的减少。在 2017 年和 2018 年，澳大利亚东部内陆许多地区就已出现长期旱情；2019 年，旱情扩大并加剧，特别是下半年，澳大利亚迎来了有记录以来最干燥的春季（11 月和 12 月）。2019 年是澳大利亚近百年来平均气温最高、降水量最少的一年。新南威尔士州的北半部和昆士兰州的南部降水量只有往年平均值的 70%~80%，中部大陆地区甚至几乎没有降水。干燥少雨的天气加速了火势的蔓延，同时也增大了火灾扑救的难度。直到 2020 年 2 月中旬，澳大利亚迎来持续强降雨，这场历时 200 多天的丛林大火才彻底熄灭。这次火灾对澳大利亚社会、经济、生态领域造成了严重的负面影响，严重威胁了国家及区域生态安全，引发了全球的高度关注。

### 1.3.2　美国南加州森林大火

#### 1.3.2.1　火灾经过

2018 年 11 月 8 日，美国加利福尼亚州北部的比尤特县天堂镇发生山火。此次山火是加州历史上最具破坏性的一次火灾。11 月 8 日，一场森林大火在风景秀丽的美国加利福尼亚州布特县（Butte）蔓延开来，过火面积超过 6 万公顷，距离火源最近、仅有 2.7 万人口的天堂镇几乎被烧成一片废墟。截至 2018 年 11 月 25 日，北加州野火将山城天堂镇烧毁后，失踪人数下调到 249 人，死亡人数增加至 85 人。此外，山火延烧后遗症开始浮现，大批居民流离失所。这场所谓的"坎普野火"（Camp Fire）是加州史上死伤最惨重，也是最具破坏性的野火，造成近 19000 栋民宅和其他建筑毁损，并把小镇天堂镇烧成焦土。

#### 1.3.2.2　主要原因

加州大火的成因并不复杂，主要是干旱的季节带来大量枯枝败叶，而许多房屋建在山区，由烟头、篝火、电线、车辆故障等人为活动引发火灾，肆虐的大风又让火势在瞬间变得一发不可收拾。2019 年 5 月 15 日，美国加州森林防火厅表示，2018 年 11 月发生在加州北部夺走 85 条人命的致命野火，是由输电线造成的。此前，太平洋瓦斯电力公司已经承认，大火可能是由其设备造成的，加州森林防火厅表示，由于植被非常干燥，加上强风、高温、湿度低都助长了火势，造成"极快速的蔓延速度"。

### 1.3.3　俄罗斯森林大火

#### 1.3.3.1　火灾经过

2010 年夏季，俄罗斯出现了罕见的高温和干旱天气，莫斯科 7 月 29 日气温创历史新高，达到 42 ℃。当日在沃罗涅日州首府沃罗涅日市的北郊区、西郊区、南郊区连续发生森林火灾，过火面积达到 3000 hm²。7 月 30 日，24 小时内俄罗斯中西部地区森林大火导致至少 5 人死亡、34 人受伤、900 多座房屋被烧毁，数千民众被迫搬迁。7月31日，俄军方称30日出动2000名军人，开往莫斯科州地区各军事设施所在地，严防火势蔓延至军事设施。8月2日，俄罗斯14个地区发生山林大火，已造成至少37人死亡，逾1200间房屋被毁，数千人无家可归。俄罗斯政府疏散8.6万受到森林大火威胁的民众。8月4日，俄罗斯紧急情况部称，8月3日到4日期间，俄罗斯境内新增森林火灾火点323个，新增泥炭火灾57起，有529个火点在燃烧。8月5日，据俄罗斯官方最新统计数据，俄罗斯森林大火已造成50人死亡，近2000座房屋被毁，逾3500人无家可归。8月6日，俄罗斯国家自然保护机构表示，火灾生成的烟雾或将蔓延至欧洲。8月7日，俄全境内过火总面积已超过67万公顷，经济损失逾5.2亿元，火灾造成50人死亡。仅8月7日一天，俄在扑灭276个着火点的同时就又新增了269个着火点。8月8日，火灾产生的浓烟继续侵害莫斯科州，莫斯科街头空气中的一氧化碳浓度超过了最高容许标准的6.6倍，50架航班延误。8月9日，根据8月8日的最新统计，俄境内共有554个森林着火点和26个泥炭着火点，森林着火总面积超过19万公顷。最近着火点距莫斯科不到20 km，火灾已造成53人死亡，500多人受伤。

### 1.3.3.2 主要原因

在森林内沼泽地区，由于日积月累的深达几米的植物腐殖质形成的泥炭极易起火，当空气中的温度超过燃点、土壤干燥时，泥炭会从地表层以下开始自燃，释放出大量浓烟，如不及时扑灭，极易酿成森林火灾。据当地专家和媒体分析，此次发生大范围森林火灾的原因较以往复杂得多，高温干旱是其中重要的原因之一。民众防火意识淡薄，很多着火点由野外烧烤、宿营、吸烟等引发。另外，此次火灾也暴露出俄政府在森林防火意识上的不足，特别是在火灾刚刚发生时，相关部门并没有充分重视，等到大火一发不可收拾的时候，为时已晚。俄罗斯媒体和很多专家认为，发生如此大规模的灾难的主要原因在于政府。俄罗斯生态学家克赖因德林表示，火灾发生虽与高温干燥的异常天气有关，但主要原因是俄罗斯新的《森林法》取消了森林防护机构，大量削减森林防护工作者，导致防灾人手紧缺。俄罗斯目前没有一个负责处理自然灾害事宜的专门机构，处理森林火灾的重任几乎全部落到紧急情况部头上，由于经费短缺，俄罗斯紧急情况部以及地方消防部门的设备很长时间都没有得到更新，设备老化严重。据俄罗斯自由广播电台援引俄林业部门的说法，森林火灾问题还出在情况汇报上。因为怕丢官，一些地方政府官员不愿如实向上级紧急情况部门汇报火灾情况，而寄希望于自己处理火灾，因此记录火灾发生的数字往往也被压低。其结果是，地方政府根本无力独立熄灭火灾，最终酿成大面积灾情。还有俄罗斯媒体说，政府部门，包括军队，出了问题之后总是欺上瞒下，报喜不报忧，比如军事基地着火后，军方试图瞒住这件事，直到纸包不住火后才向外界公布。

### 1.3.4　大兴安岭森林火灾

#### 1.3.4.1　火灾经过

1987 年 5 月 6 日，16 时左右，我国大兴安岭地区古莲林场临时雇佣人员因违反操作规程使用割灌机起火，将附近的杂草全部烧着，等其余工人来到林场扑火时，火势已经越烧越大，无法扑灭。有关部门立刻派遣漠河县救援队伍进入山林扑火，救援队连续工作十几个小时后将大部分明火扑灭。古莲林场的大部分明火被扑灭后，救援队放松了警惕，没有将火星完全熄灭就撤离了，最终导致一些未扑灭的火星死灰复燃。5 月 7 日白天，火星死灰复燃，当时古莲林区刚好刮起了一阵西北风，火苗借着大风越烧越大，整个林场都变成了一片火海。5 月 7 日晚上，山上的大火已经完全失控，在 9 级大风的鼓吹下，山火从林区向城市蔓延。受持续高温大风天气的影响，火势迅速蔓延失控，过火面积达到 133 万公顷，受害森林面积达 101 万公顷，大兴安岭古莲林场、河湾林场、依西林场、兴安林场、盘古林场同日起火，大火不断向东蔓延，持续燃烧了 28 天，于 6 月 2 日才被彻底扑灭。此次事故造成 213 人死亡，226 人受伤，震惊世界。这次火灾是中国 1949 年以来毁林面积最大、伤亡人员最多、损失最为惨重的一次特大灾难。大火烧毁了 3 个林业局（县城）、9 个林场、85 万立方米木材、6.4 万平方米房屋，直接经济损失高达 5 亿多元人民币，加上停工停产的影响，以及因这场大火给周边生态环境带来的危害，造成的损失更是无法估量。为扑救这场大火，我国政府共出动军警民 5.8 万人，调动飞机 96 架，超强安全飞行 1500 多架次，各种车辆 1000 多台，预计被破坏的森林生态系统需要超过 200 年才能恢复。

#### 1.3.4.2　主要原因

1987 年春季，大兴安岭遇到了超常的干旱，从 1985 年底到事发月份，漠河地区只下过一场雨。贝加尔湖暖脊东移，形成了一个燥热的大气环流，加之风多物燥，增大了林区的火险等级。这场火灾的直接原因是雇佣林员分别在几个林场内使用割灌机时违反操作规程和吸烟，一位林场工人在启动割灌机时引燃了地上的汽油，且灭火时只熄灭明火，没有打净残火余火，致使火势失控。林场临时工缺乏防火教育以及专业培训，发生火灾后手足无措，错过了最佳的救火时机，导致火势越来越大。更深层的原因是平时林区防火投入不足，灭火过程中也有严重官僚作风。

### 1.3.5　四川木里县森林火灾

#### 1.3.5.1　火灾经过

2019 年 3 月 30 日，我国四川省凉山州木里县雅砻江镇立尔村发生森林火灾，火场平均海拔为 4000 m。火场附近地形复杂，坡陡谷深，属无人区，交通、通信不便,且多个火点位于悬崖峭壁上。火灾发生后,当地政府迅速组织力量赶赴火场扑救。2019年3月31日下午,扑火人员在转场途中,受瞬间风力风向突变影响,突遇山火爆燃,部分扑火人员失去联系,造成30名消防人员遇难的惨重代价。2019年4月2日,森林公安进入现场勘查起火点和起火原因;6时30分,现场联合指挥部经过现地勘察,火场已没有明火,只有内线悬崖上有少量烟点,已没有蔓延威胁。2019年4月5日12时44分,接凉山州森林草原防火指挥部办公室报告,木里县雅砻江镇立尔村森林火灾火烧迹地内仅剩的3个烟点处理完毕,整个火场得到全面控制,已无蔓延危险,火场总过火面积约20hm²。2019年4月7日上午,四川省应急管理厅报告,四川凉山木里火场出现复燃;14时15分,越西县大花乡瑞元村发生森林火灾;16时28分,冕宁县腊窝乡腊窝村1组发生森林火灾;19时,雅砻江镇立尔村森林火灾复燃,目测过火面积约7hm²。

### 1.3.5.2 主要原因

联合调查组于2019年4月3日对火灾现场进行了现场勘测。经过森林公安部门侦查后,木里森林大火的起火点和雷击树木均已找到,确认为雷击火,属于自然灾害。着火点是一棵云南松,位于山脊上,树龄约80年。此外,木里县2019年1~3月气象通过与多年资料统计结果进行比较,发现木里县2019年1~3月气温偏高,风速偏大,日照偏多,降水偏少,相对湿度持续偏小,干旱异常突出。导致森林、草原及地表植物极度干燥,森林草原火险气象等级长期居高不下,火险承灾体(森林植被)极度脆弱,致灾气象因子严重不利,给护林防火工作带来严重困难。综上所述,本次火灾直接致灾时间在17:08~17:28,雷击目标是一株树高17 m的云南松。由于其位于山脊,形成对周边的相对高点,因此容易成为接闪对象。但云南松自身不具备引燃条件,雷电流在云南松接闪后向下泄流入地过程中,由于起火前多日无降水,导致以页岩为主的土壤结构干燥且导电率降低不易泄流入地电流扩散,造成了雷电流直接与树根附近地表可燃物作用。雷电流入地产生的高温热效应首先造成地表干燥的枯叶、腐质层开始燃烧。由于火场区域地表可燃物丰富,为火势的发展与蔓延提供了良好条件。因此,本次火灾的直接致灾因子为云地闪,起火前长期干旱少雨、湿度低也是气象致灾因子。承灾体为森林植被,火灾前极度脆弱[11]。

## 1.3.6 重庆江津区森林火灾

### 1.3.6.1 火灾经过

2022年8月19日17时,重庆市江津区支坪镇新房子附近突发森林火灾。当地森林消防队伍立即出动9台车、80名队员,携带灭火装备300余件套,赶赴现场扑救。据了解,当天气温达40 ℃,火场风力风向为东风2到3级,植被以针阔混交林为主,林下灌木杂草丛生。由于天气温度较高,植被含水量低,大火容易复燃，给火灾的扑救带来困难。经过两天多的扑救，共扑灭火线 500 m，清理烟点 90 余处。22 日上午 9 点，经无人机空中勘察，火场全线已无明火，队伍转入清理看守阶段。

### 1.3.6.2　主要原因

根据国内媒体报道，重庆市江津区发生了严重的森林自燃事故，在这起自燃事故发生以后，当地的消防救援部门采取措施进行扑火。要知道，重庆连续多个地方都出现了山火的自然灾害，原因就是重庆夏季高温非常高，同时连续两个月以上都没有下雨，再加上江津地区的植被含水率相对较低，这样就导致江津区发生了此次山火事件。

# 2 森林草原火灾发生机理

## 2.1 可燃物的影响作用

### 2.1.1 可燃物类型与森林草原火灾的关系

近年来，森林草原火灾成为一种严重威胁生态环境和资源的重要灾害。要解决这一问题，首先需要了解可燃物状况。可燃物类型是描述可燃物状态的基本概念，通常用于森林草原火险等级系统火行为模型的基本输入因子。划分森林草原可燃物类型具有重要意义，它是森林草原管理的基础，是森林草原防火和营林安全用火的主要依据。这是因为森林草原可燃物类型不同，其燃烧性和火行为等均不相同。扑救火灾可根据不同可燃物类型安排人力和物力，决定扑火方法、扑火工具及扑火对策。在安全用火中，可根据不同可燃物类型决定用火方法和用火技术，可燃物类型是林火预测预报的基础，特别是火行为预报。

森林草原中的一切有机物都是可燃物，包括所有的乔木、灌木、草本、苔藓、地衣、枯枝落叶、腐殖质和泥炭等。可燃物是森林草原火灾的物质基础，也是火灾传播的主要因素，它的性质、大小、数量、分布和配置等，对森林火灾的发生发展、控制和扑救以及安全用火均有明显影响。

#### 2.1.1.1 可燃物类型

A 按有机物种类划分

（1）死地被物。死地被物主要由枯死的凋落物组成，如落叶、杂草、苔藓、枯枝等。由于它们的种类、大小和分布状态不同，燃烧特点也不相同。枯死的杂草比枯死的苔藓易燃；阔叶比针叶易燃，但持续时间短。死地被物的易燃程度还取决于它们的结构状况。一般死地被物可分为上、下两层。上层结构疏松、孔隙大，水分易流失、易蒸发，其含水量随大气温度的变化而变化，容易干燥、易燃；地表下层，结构紧密、孔隙小，处于分解或半分解状态，保水性强，一般不会燃烧，只有在长期干燥时，才能燃烧。

死地被物在森林生态系统中扮演着重要的角色。它们为土壤提供了丰富的有机质，对土壤肥力的保持和提高起到了重要的作用。此外，死地被物还在维持森林水循环平衡方面发挥着关键作用。它们能够吸收和储存水分，使得土壤保持湿润，同时还能防止水土流失。

（2）地衣。地衣是蓝藻与真菌的共生体，通常生长在裸露的地表、岩石或树皮上，是容易燃烧的物质。它的燃点低，在林中多呈点状分布，为林中的引燃物。吸水快，失水也快，所以容易干燥。在森林草原火灾的发展过程中，地衣可以促进可燃物的积累，加速森林草原火灾的蔓延速度。

（3）苔藓。苔藓吸水性较强，燃烧速度较地衣、杂草慢。在林地上的苔藓一般不易着火，这是因为它们多生长在阴湿密林下，只有在连续干旱时才能燃烧。但是，生长在树皮、树枝上的藓类，燃烧性强，危险性也大，如树毛（小白齿藓），常是引起常绿针叶树发生树冠火的危险物，燃烧持续时间长，尤其是靠近树根和树干附近的苔藓，在燃烧时对树根和树干的危害极大。如果出现有泥炭藓的地方，在干旱年代，有发生地下火的危险。

（4）草本植物。草本植物在生长季节，体内含水分较多，一般不易发生火灾。但在早霜以后，植株开始枯黄死亡，根系失去吸水能力，哪怕是长在水湿地上的苔草也极易燃。如东北地区，在春季雪融后，新草尚未萌发，遗留的干枯杂草常是最容易发生火灾的策源地。草本植物又分为易燃和不易燃两大类。易燃类大多为禾本科、莎草科及部分菊科等喜光杂草。其常生长在无林地及疏林地；植株高大，生长密集；枯黄后，不易腐烂；植株体内含有较多纤维，干旱季节非常易燃。不易燃类多属于毛茛科、百合科、酢浆草科、虎耳草科植物。叶多为肉质或属膜状；多生长在肥沃潮湿的林地，植株矮小；枯死后，容易腐烂分解；不容易干燥，不易燃。此外，东北林区的早春植物，也属于耐火植物。春季防火期，正是开花、枝叶茂盛的生长时期，如冰里花、草玉梅、延胡索等。还有部分植物能够阻止火的蔓延，如石松、圣柳等，都属于不易燃的植物。

（5）灌木。灌木为多年生木本植物。体内含水分较多，不易燃烧，如越橘、接骨木、牛奶果等许多常绿灌木和小乔木。有些灌木冬季上部枝条干枯，如胡枝子、铁扫帚；有些灌木冬季枯叶不脱落；还有些为针叶灌木，如杜松和偃松等。体内含有大量树脂和挥发性油类都属于易燃的灌木。灌木的生长状态和分布状况均会影响火的强度。通常丛状生长的灌木比单株散生的灌木危害严重，着火时不易扑救。此外，灌木与乔本科、莎草科以及易燃性杂草混生时，也能提高火的强度。

（6）乔木。因树种不同，燃烧特点也不同。通常，针叶树较阔叶树易燃，这是因为针叶树的树叶、枝条、树皮和木材都含有大量挥发性油类和树脂，这些物质都是容易燃烧的。据统计，在植被上攀枝花市的一般森林火灾多发于针叶林，占总次数的61%[12]。阔叶树一般体内含水分较多，所以不容易燃烧，如杨树、柳树、赤杨等。但有些阔叶树也是易燃的，如桦木的树皮呈薄膜状，含油质较多，极易点燃；蒙古栎多生长在干燥山坡，冬季幼林叶子干枯而不脱落，容易燃烧；南方的桉树和樟树也都属于易燃的常绿阔叶树。但大多数常绿阔叶树体内含水分较多，属于不易燃的树种。

（7）森林杂乱物。森林杂乱物包括风倒木、枯立木、风折木和采伐剩余物，能影响火的蔓延和火的发展。它们的数量的多少直接影响火的强度，其对燃烧的影响，主要决定于它的组成、湿度和数量。残留在采伐迹地上的云杉枝条最易燃烧；其次是白桦和松树；再次为山杨。新鲜的或潮湿的杂乱物，燃烧较困难；干燥的或不新鲜的杂乱物则容易燃烧。在北方针叶林内，一般可根据杂乱物的多少来划分等级，如每公顷杂乱物在 20 $m^3$ 以下为弱度；21～55 $m^3$ 为中度；55～95 $m^3$ 为强度。当林内有大量杂乱物时，火的强度大，不易扑救。在针叶林内还很容易造成树冠火。

B　按危险程度划分

根据上述可燃物燃烧的难易程度可分为三大类：

（1）危险可燃物。危险可燃物在一般情况下，容易着火，燃烧快，如地表的干枯杂草、小枝、落叶、树皮、地衣和苔藓等。这些可燃物的特点是干燥快、燃点低、燃烧速度快，它们是林中的引燃物。

（2）燃烧缓慢可燃物。燃烧缓慢可燃物一般都是粗大的重型可燃物，如枯立木、腐殖质、泥炭、树根、大枝丫和倒木等，这些可燃物不易燃烧，着火后能长期保持热量，不易扑救。因此在清理火场时，难以清理，容易形成复燃火。这种可燃物只有在极干的情况下，发生大火灾时，才能燃烧，给扑火带来很大困难。

（3）难燃可燃物。难燃可燃物指正在生长的草本植物、灌木和乔木。这些植物体内含有大量的水分，不易燃烧，有时可减弱火势或使火熄灭。但是遇到强火时，这些绿色植物也能脱水干燥而燃烧。

C　按空间位置划分

由于可燃物在森林中所处位置的不同，发生森林火灾的种类也不同，一般分为三层：

（1）地下可燃物。地下可燃物由土壤有机物、泥炭和树根、燃烧过的木质可燃物组成。通常，掉下的树叶、脱落的树皮堆积在树的基部，最后形成较厚的有机物层，细根、外生菌根和地面植物也会增加。地下可燃物的燃烧方式通常是无焰燃烧（也称阴燃），有可能燃烧数小时、几天，甚至几周，因为其持续时间长，所以会导致土壤破坏、树木死亡、浓烟散布。其燃烧特点是释放可燃性气体少，不产生火焰，燃烧缓慢，持续时间长，不易扑救，主要表现为地下火。

（2）地表可燃物。地表可燃物通常是指距离地面 1.5 m 以内的所有可燃物，由草、灌木、杂物、木质可燃物组成。地表可燃物的直径大小及分布是影响地表火行为的关键因素，其次是可燃物的厚度、连续性和理化性质。地表可燃物的组成物质复杂，有采伐剩余物、抚育间伐剩余物、自然灾害遗留的可燃物以及灌草等，高强度的地表火有可能点燃上层树冠。

（3）空中可燃物。空中可燃物是指森林中距离地面 1.5 m 以上的树木和其他植物。主要由活的、直径小于 1 cm 的物质组成，如乔木的树枝、树叶、树干、枯立木、附生在树干上的苔藓和地衣以及缠树的藤本植物等，这类可燃物是发生树冠火的物质基础，可以由地表火经未燃尽的灌木、小树等过渡可燃物传播，从树冠到树冠进行传播。地表可燃物离树冠基部的垂直距离较大，只有在地表火强度大或持续时间长的情况下才能发生树冠火。树冠火一旦发生，如果树冠密度大，其传播就可能更强。

D　按可燃物床层结构划分

了解可燃物床层结构，及其对于林火发生与蔓延所起的作用，是火灾管理的关键。可燃物通常可分为六层：（1）树冠层；（2）灌木、小树；（3）低矮植物；（4）木质可燃物；（5）苔藓、地衣、落叶；（6）地下可燃物、腐殖质。同时，每一层根据可燃物形态学、化学和物理学特征以及相对丰富度分成不同的层次范围，任一层可燃物的变化，都会影响林火行为。另外，可燃物还可以按分布区分为均匀的、混合的、分散的、断条的可燃物；按生活力分为活的和死的可燃物，死可燃物又分为 1 h 时滞可燃物、10 h 时滞可燃物、100 h 时滞可燃物。

2.1.1.2　我国主要可燃物类型

A　东北林区

（1）落叶松。落叶松主要分布在大兴安岭、小兴安岭和长白山，华北、西北也有。该树种含有树脂，树冠稀疏，林内光线比较充足，因而林下易燃杂草较多，但随地形变化和沼泽化的程度不同，燃烧性有明显差异。如大兴安岭林区落叶松林，按照燃烧性可分为三类：

1）易燃的：草类—落叶松，蒙古栎—落叶松，杜鹃—落叶松林。

2）可燃的：矶踯躅—落叶松林，偃松—落叶松林。

3）难燃的或不燃的：溪旁—落叶松，藓类—云杉、落叶松林，泥炭藓—矶踯躅—落叶松林。

（2）樟子松。樟子松主要分布在大兴安岭海拔 400~1000 m 的阳坡和沙丘上，呈块状分布。它是常绿针叶林，枝、叶和木材均含有大量树脂，易着树冠火。这类森林多分布于较干燥的立地条件上，属易燃型。

（3）红松林。红松林主要分布在小兴安岭海拔 650 m 以下，长白山海拔 800~1100 m 或以下的山地。它的枝叶、木材和球果均含有大量树脂，枯枝落叶尤其易燃。

（4）云冷杉林。云冷杉林主要分布在大兴安岭东北坡、小兴安岭和长白山地区。它喜欢生长在湿度大的山地，分布在亚高山地带和低海拔河谷地带。林冠厚密，林下阴湿，多生长苔藓。云冷杉枝叶和木材均含有大量挥发性油类，一旦遭受火灾，危害性是较重的。

（5）柞木林。柞木林分布在比较干燥的立地条件下，它本身抗火性强，但多次生林，属易燃林分。

（6）阔叶林。阔叶林东北林区大多数为阔叶林，因为阔叶林内含水分较多，都属于可燃、难燃或不燃的林分，根据生长的立地条件和林下易燃植物分布，可分为两类：

1）可燃的：草类山杨林、草类白桦林。

2）难燃的：沿溪朝鲜柳林、珍珠赤杨林、洼地柳林等。

B　南方和西南地区

（1）杉木林。杉木林为常绿针叶林，多为大面积人工林，杉木枝、叶含有易燃挥发性油类，加上树冠浓密，枝下高较低，大多分布在山下部，其枝叶易燃，耐阴，林冠层深厚，一旦发生火灾容易形成树冠火，危害较严重，如芒其骨—杉木林。

（2）桉树林。桉树树种生长迅速，几年就可以郁闭成林。但是桉树枝、叶和干均含有大量挥发性油类，桉树幼林叶革质不易腐烂，林地干燥，容易发生森林火灾，林火蔓延速度较快、强度大，扑救困难，然而桉树成林枝下高较高，不容易发生火灾。此外，还有香樟、安息香等含有挥发性油类的阔叶林，也容易燃烧。

（3）云南松林。云南松林和马尾松林多数为"飞播林"，是最容易发生森林火灾的地区。马尾松林属于常绿针叶林，枝、叶、树皮和木材中均含有大量挥发性油类和大量树脂，极易燃，主要分布在低山丘陵地带。常绿阔叶林破坏后，马尾松以先锋树种侵入。马尾松耐干旱瘠薄，林下有大量易燃杂草，郁闭度一般为 $0.5 \sim 0.6$。其林下掉落物 $10 \ t/hm^2$ 左右。此外，也有些马尾松林与常绿阔叶林混交形成以马尾松为主的针阔混交林，其燃烧性下降。

（4）竹林。竹林一般不易燃烧，如乌饭树—毛竹林。

（5）常绿阔叶林。常绿阔叶林属于亚热带地带性植被，由于人为破坏，分布分散，郁闭度为 $0.7 \sim 0.9$。林木层次复杂，多层，林下阴暗潮湿，难燃。当常绿阔叶林遭多次破坏后，燃烧性增加。其燃烧性主要根据其分布的立地条件来决定。立地条件湿润或为水湿地时，不易发生火灾，其林分多属于不燃的或难燃的；立地条件比较干燥和干燥时，则易燃。

（6）油茶林。油茶林多为南方的经济林，呈灌木或小乔木状，抗火性能强，如分布密集，则有阻火作用。一般大多易燃。

## 2.1.2　可燃物的理化性质与森林草原火灾的关系

可燃物的物理性质和化学性质决定可燃物的燃烧性质。森林草原可燃物物理性质有可燃物的结构、含水率、发热量等；化学性质有油脂含量、可燃气体含量、灰分含量等。由于森林群落的多样性和复杂性，可燃物存在着地域性差异。为了描述和比较不同类型、种类、层次的可燃物，常采用可燃物负载量、可燃物分布（水平分布和垂直分布）、可燃物密度、可燃物含水率、可燃物大小和形状以及可燃物的化学性质来反映其自身特征。

### 2.1.2.1　物理性质

物理性质是指可燃物颜色、气味、状态、熔点、沸点、导热性等方面的性质。这些性质通常可以通过观察和测量获得，是不需要经过化学反应就可以表现出来的性质。

### A　可燃物床层的结构

可燃物床层是指从土壤下层的矿质层起，上至植被顶端（树冠）之间的各种可燃物的综合体。可燃物床层中既有活可燃物、枯死可燃物，也包括土壤中的有机物质（腐殖质、泥炭、树根及各种小动物和微生物）。通常是指土壤表面以上的可燃物总体。可燃物结构主要是指可燃物床层中的可燃物负荷量、大小、密实度、连续性等。

可燃物负荷量是指单位面积上可燃物的绝干重量，单位为 $kg/m^2$、$kg/hm^2$。1971 年，福特·罗勃逊（Ford Robertson）对可燃物进行了定义："可以点着和燃烧的任何物质或复杂的混合物"。从理论上讲，所有物质都可以燃烧，但在实际中，有的物质在特定的林火中从来没有燃烧过。所以，可燃物负荷量又可分为总可燃物负荷量、潜在可燃物负荷量和有效可燃物负荷量。总可燃物负荷量，即从矿物土壤层以上，所有可以燃烧的有机质总量；潜在可燃物负荷量，是指在最大强度火烧中可以消耗掉的可燃物量，这是最大值，实际上在森林火烧中烧掉的可燃物要比它少得多；有效可燃物负荷量，是指在特定的条件下被烧掉的可燃物量，它比潜在可燃物负荷量少。

可燃物负荷量的变化很大，不易精确测定。估测方法有样方法、标准地法等。

可燃物的大小（粗细）会影响可燃物对外来热量的吸收。对于单位质量的可燃物来说，可燃物越小，表面积越大，受热面积越大，接收热量越多，水分蒸发越快，可燃物越容易燃烧。常用表面积与体积的比来衡量可燃物的粗细度。可燃物的表面积与体积的比值越大，单位体积可燃物的表面积就越大，越容易燃烧。可以根据可燃物的形状（如圆柱体、半圆体、扇形体、长方体等），确定表面积与体积的比的公式，对各种可燃物的表面积与体积的比值进行估测，如树木的枝条可以看作圆柱体，袖松和樟子松的针叶可以看作半圆柱体，白皮松和红松的针叶可以看作扇形柱体。

森林中的树干是竖直生长的，树木枝叶有斜向和横向生长的，林中倒木和枯枝是横卧或斜卧在地上的，落叶有平置和竖置的，它们自身的状态不同，燃烧程度也不相同。以木条为例，火焰蔓延的速度与木条轴线和垂直方向的夹角成反比。如划火柴，火焰顺火柴杆向上时燃烧速度最快，横向时较慢，向下时最慢。木材的纤维结构有方向性，由于顺纤维结构的导热系数要较横向纤维结构的大，所以顺纤维结构较横纤维结构点燃所需要的热量多。顺纤维结构燃烧时，热分解产生的可燃气体不易逸出，纤维的横向透气性极差，挥发分只有依靠自身积聚的压力才能使木材爆裂逸出，由于挥发分受阻，所以燃烧速度较慢。横纤维结构燃烧时，由于热分解产生的可燃气体顺纤维方向逸出，并供给气相火焰，因此气相火焰传给木材的热量多，燃烧速度快。森林火灾中站杆不易燃、倒木易燃就是这个道理。

紧密度影响着可燃物床层中空气的供应，同时也影响火焰在可燃物颗粒间的热量传递。紧密度的计算公式如下：

$$\beta = \rho_b / \rho_p \tag{2-1}$$

式中，$\beta$ 为可燃物的紧密度；$\rho_b$ 为可燃物床层的容积密度，g/cm$^3$ 或 kg/m$^3$；$\rho_p$ 为可燃物的基本密度，g/cm$^3$ 或 kg/m$^3$。

可燃物床层在空间上的配置和分布的连续性（continuity）对火行为有着极为重要的影响。如果可燃物在空间上是连续的，则燃烧方向上的可燃物可以接收到火焰传播的热量，使燃烧可以持续进行；如果可燃物在空间上是不连续的，彼此间距离较远，则不能接收到燃烧传播的热量，燃烧就会局限在一定的范围内。可燃物的连续性分为垂直连续性和水平连续性。垂直连续性是指可燃物在垂直方向上的连续配置，在森林中表现为地下可燃物（腐殖质、泥炭、根系等）、地表可燃物（枯枝落叶）、草本可燃物（草类、蕨类等）、中间可燃物（灌木、幼树等）、上层树冠可燃物（枝叶）各层次可燃物之间的衔接，有利于地表火转变为树冠火。水平连续性是指可燃物在水平方向上的连续分布，在森林中表现为各层次本身的可燃物分布的衔接状态。各层次可燃物的连续分布将使燃烧在本层次内向四周蔓延。一般来讲，地表可燃物有很强的水平连续性，如大片的草地，连续分布的林下植被（草本植物、灌木和幼树）；在森林中的树冠层因树种组成不同而具有不同的连续性，如针叶纯林有很高的连续性，支持树冠火的蔓延；而针阔混交林和阔叶林的树冠层，易燃枝叶是不连续的，不支持树冠火的蔓延；如果树冠火在蔓延中，出现阔叶树或树间有较大的空隙，树冠火就下落成为地表火，见表2-1。

表 2-1　火焰等级高度和连续性[13]

| 等级 | 火焰高度范围/m | 连续性 | 描述 |
|---|---|---|---|
| I | $h<0.5$ | 不连续 | 火无法向上传播 |
| II | $0.5 \leqslant h<0.75$ | 低度连续 | 火向上传播的可能性很小 |
| II | $0.75 \leqslant h<1$ | 中度连续 | 火向上传播的可能性很大 |
| IV | $h \geqslant 1$ | 高度连续 | 火能够向上传播 |

影响可燃物连续性的主要因素有:

(1) 坡度。坡度同时影响着可燃物的水平连续性和垂直连续性,随着坡度的增加,连续性上升的速率增加。火灾坡地燃烧时,受空气热对流的作用会形成向坡上推进的风,能够加速火势蔓延。一般来说,坡度越大,林火蔓延越快,扑救难度越大。

(2) 风速。风不仅会加快火蔓延,还会带来新的氧气,增大火势。风速对林火的蔓延有着尤为重要的影响,是最不具有确定性的影响因子。其对可燃物垂直连续性的影响主要是林内的风速。由于森林内草木众多,可以起到阻拦的作用,因此林内风速降低幅度大。一般而言,当风速较小的时候,风速增加幅度较大;在风速较大的情况下,增加幅度会变得平缓。风速对水平连续性的影响非常大,尤其当风速在 5 级以上时,火焰和热流呈水平传播状态。

(3) 郁闭度。郁闭度是可燃物垂直连续性的间接影响因素,主要有两个方向的影响:当郁闭度高时,可以抑制草本植物和灌木的生长,减少灌草负载量和灌草高度,有效降低垂直连续性;当郁闭度低时,可以促进自然整枝,活枝死在树干或掉落在地表,增加了枯枝负荷量,同时增加了垂直连续性。

(4) 林木枝下高。枝下高的高低与垂直连续性有密切联系,会直接影响到垂直连续性;同时也与水平连续性有关,改变树冠长度和负荷量,可间接影响水平连续性。常见的情况是地表火演变成林冠火,这是因为林木枝下高处的枝条被引燃,导致高处林冠部分也被燃烧到。因此,枝下高的高低,是调控垂直连续性的关键。

(5) 灌木。灌木的高度、密度与负荷量是影响垂直连续性的重要因素。其中,灌木负荷量所占比重较小,对垂直连续性的影响不大;而灌木的高度和密度则直接影响着垂直连续性,而且灌木的高度和密度与负荷量密切相关,是灌木负荷量调控的重点。

(6) 草本、地表枯枝。草本、地表枯枝负荷量的增加会直接增加可燃物的垂直连续性。对二者进行及时调控,可以有效控制和降低垂直连续性。一般而言,即使草本、地表枯枝负荷量较大,只要均匀分布,它的影响就是有限的。但是,当草本和地表枯枝出现堆积的情况时,即使负荷量不高,也会在局部形成很高的火焰，引发林冠火。

B　可燃物含水率

可燃物含水率影响着可燃物达到燃点的速度和可燃物释放的热量的多少，以及林火的发生、蔓延和强度，是进行森林火灾监测的重要因素。含水率越小，有效能量越大，火的蔓延速度越快，火温越高。例如，中国科学院林业土壤研究所测定大兴安岭草类—落叶松林含水率为 14.5%~22.5%，有效能量为 12363 kJ/m$^2$，5 min 可蔓延 6 m$^2$；矶踯躅—落叶松林含水率为 70.8%，有效能量为 7162 kJ/m$^2$，5 min 蔓延面积为 2.8 m$^2$。

（1）可燃物含水率与易燃性。可燃物含水率与易燃性关系密切，可燃物含水率高，相对不易发生燃烧；相反，可燃物含水率低，发生燃烧的概率增加。枯死可燃物和活可燃物的可燃物含水率差异大，对燃烧的影响也不一样。枯死可燃物含水率变化幅度大于活可燃物含水率变化，它可以吸收超过自身质量 1 倍以上的水。

（2）死可燃物含水率和活可燃物含水率。可燃物含水率对燃烧的难易程度和剧烈程度具有显著的影响。可燃物含水率有两种类型，即死可燃物含水率与活可燃物含水率。死可燃物含水率是指枯死的可燃物中的含水量，死可燃物含水量随空气含水量的变化而变化，变化范围为 2%~250%。活可燃物含水率是指有生命的、正在生长的可燃物含水率。活可燃物含水量一般随树种和一年中的月份的变化而有所变化，变化范围在 75%~150%。

（3）平衡含水率与可燃物时滞等级。平衡含水率是指森林可燃物在一定的状态（温度、相对湿度）下，吸收大气水分的速度与蒸发到大气中水分的速度达到平衡时的可燃物含水率。此时可燃物内部水分饱和，外部环境水气压与可燃物内部水气压相等，二者之间的水分扩散运动相对静止。超过平衡含水率的初始自然含水率下降到原来值的 $1/e$（36.8%）所需的时间，或使初始含水率减少 63.2% 所需的时间称为时滞。例如，某可燃物的初始含水率为 200%，当其含水率下降到 200%×0.368 = 73.6% 时所需要的时间，即某可燃物的时滞。时滞是指不同种类可燃物含水率对外界环境的反应速度。时滞小的可燃物种类对环境变化反应快，时滞大的可燃物种类对环境变化反应慢，这与可燃物本身的结构及大小密切相关。一般来说，细小可燃物容易散失水分，其时滞短；短大的可燃物不易散失水分，其时滞长。如当可燃物的直径小于 6.34 cm 时，时滞为 1 h，当可燃物的直径为 6.35~25.4 cm 时，时滞为 10 h，直径越大时滞越长。

C　可燃物的发热量

发热量即单位质量或体积风干状况下可燃物完全燃烧时所释放出的热量，又称热值，单位为 J/g 或 kJ/kg。可燃物的热值分为高热值和低热值。高热值为实验测得的，包括燃烧生成水蒸气冷凝放出的热量；低热值不包括燃烧生成水蒸气冷凝放出的热量，火场上燃烧生成的水蒸气多随风飘散，一般都是用低热值。

森林可燃物的平均低热值为 18263 kJ/kg，木本植物的低热值在 16700 kJ/kg 以上，禾本科杂草的低热值为 12500 ~ 16700 kJ/kg，地衣苔藓的低热值为 8400 ~ 12500 kJ/kg。木本植物中，针叶树发热量较高，为 20900 kJ/kg，阔叶树次之。针叶树以针叶发热量为最大，其次是树枝，再次为木材部分。阔叶树以树皮发热量为最高，其次是树叶，再次为枝条。可燃物的发热量与含水率成反比，含水量越高，发热量越低；含水量越低，发热量越高。

### 2.1.2.2　化学性质

森林可燃物的化学组成可以分为纤维素与半纤维素、木素、油脂、挥发油和灰分等五类。化学成分不同的可燃物，其燃烧性必然有差异。

（1）纤维素和半纤维素。纤维素和半纤维素均属于碳水化合物，占植物体重量的 50% ~ 70%。半纤维素被加热到 150 ℃时，开始热分解，释放出可燃气体；加热至 220 ℃时，呈放热的热分解反应。纤维素加热至 162 ℃时，有明显的热解反应；加热至 275 ℃时，呈放热的热解反应。二者热解反应所产生的可燃气体被点燃后，形成有焰燃烧。二者燃烧释放的热量差异不明显，约为 16119 J/g。

（2）木素。木素又称木质素，是植物木质化组织中与纤维素、半纤维素伴生的无定形芳香性高分子化合物。木素在大多数森林可燃物中的含量一般为 15% ~ 35%；在腐朽木中可达 75%甚至更高。针叶树木材中木质素含量通常比阔叶树和乔木科草本植物要高。木质素热解所需温度比纤维素和半纤维素要高 150 ~ 200 ℃，其完全燃烧释放的热量可达 23781 J/g。

（3）油脂。油脂含量多的可燃物容易燃烧，发热量大。针叶树一般含油脂比阔叶树多，草本含油脂最少。

（4）挥发油。可燃物含挥发油越多，越容易燃烧。挥发油是一种易挥发的易燃芳香油，可通过水蒸气蒸馏样品提取。不同树种所含挥发油不同，相应地，不同树种的燃烧性就有差异。马尾松的挥发油含量为 2.75 mL/kg，大叶桉为 3.23 mL/kg，樟树为 13.70 mL/kg，木荷为 0 mL/kg。

（5）灰分。灰分是指可燃物中的矿物质含量，主要有 Na、K、Ca、Mg、Si 等。各种矿物质通过催化纤维素的某些反应，增加木炭和减少焦油的形成，从而降低火强度，因此，灰分含量高的可燃物不容易燃烧。马尾松总灰分含量为 2.42%，木荷为 3.58%。木荷因其良好的耐火性和抗火性，常用于营造防火林带。

## 2.1.3　可燃物载量及其动态变化规律

### 2.1.3.1　可燃物载量定义

可燃物载量，也称可燃物负荷量，是指单位面积上一切可以燃烧的有机物质的绝干质量。在相同的气象和环境条件下，当具备必需的火源和氧气时，可燃物自身的结构组成、尺寸差异、理化性质以及分布特点决定着可燃物的燃烧。研究森林中可燃物负荷量时空动态变化对有效预测森林火灾及潜在火行为具有重要意义。

森林火灾，特别是森林特大火灾的频繁出现，与森林可燃物载量的积累有密切的关系。森林可燃物，特别是细小易燃的可燃物是森林燃烧的主要因子之一，可燃物燃烧除取决于火源和氧气必要条件外，还取决于本身的尺寸大小、结构状态、理化性质和数量分布。由于森林群落的多样性和复杂性，同时又存在着地域性差异，以及森林火灾发生次数及持续时间的不同，从而导致了各种类型可燃物载量不是固定不变的，而是随着各种相关因素的变化而变化的。在确定气象和环境的条件下，可燃物的载量大小明显影响着林火发生的行为特征。因而，建立森林可燃物载量模型，确定可燃物载量，对于森林火险预报、林火发生规律预报、林火行为（林火蔓延速度、火强度、火焰长度、能量释放等）预报和地表可燃物管理（计划烧除）具有极为重要的意义。

可燃物载量是反映可燃物数量多少的概念，即单位林地面积上所有可燃物的绝干质量，通常用 $kg/m^2$ 或 $t/hm^2$ 来表示。可燃物的载量大小直接影响着火蔓延和火强度。据研究，若可燃物载量小于 2.5 $t/hm^2$，则难以维持正常燃烧；若可燃物载量大于 10 $t/hm^2$，就有可能发展成大火灾。实践中，有效可燃物载量对林火发生发展意义重大。有效可燃物载量每增加 1 倍，火蔓延速度增加 1 倍，火强度增加为原来的 4 倍。

### 2.1.3.2 可燃物载量测定

可燃物载量的多少取决于凋落物的积累和分解速度，它与植被类型和环境条件有关，并随时间和空间动态变化。季节不同，可燃物载量差异很大。我国大部分地区，从早霜开始，森林凋落物明显增加，易燃可燃物载量增大，但进入生长季后，易燃可燃物载量又相对减小。年中掉落物的总量，森林平均约为 1.8 $t/hm^2$，灌木林平均约为 2 $t/hm^2$。凋落物每年的分解速度，热带雨林地区可达到 20 $t/hm^2$，而高碱或荒漠地区则几乎为 0。不同森林可燃物载量的变化，常用分解常数来衡量：

$$K = \frac{L}{x} \tag{2-2}$$

式中，$K$ 为分解常数；$L$ 为林地每年掉落物量；$x$ 为林地可燃物载量。

$K$ 值越大，林地可燃物分解能力强，可燃物累积越少。$K$ 值稳定，说明可燃物的累积和分解趋于动态平衡。森林类型不同，$K$ 值不一样，$K$ 值达到稳定所需的时间也不同。在地中海的灌木林中，$K$ 值达到稳定需 50~70 年；德国东部沿海森林约需 45 年，云杉林约需 70 年；美国东部 $K$ 值稳定需 17~20 年。我国南方林区或湿润

地区的 $K$ 值，通常大于北方林区或干旱地区。分布在东北的杜鹃落叶松林、草类白桦林，在火烧后 13 年，就可使该类森林的易燃可燃物载量超过 10 t/hm²。大兴安岭地区常见的沟塘草甸，往往是林火的策源地，其可燃物载量在火烧后 4~5 年达到平衡状态。

可燃物载量是指单位面积内可燃物的绝干质量，随着时间和空间的变化而发生变化，通常采用 kg/m³ 或 t/hm² 表示。在一个生长季中，植物会经历生长、死亡和凋落。地被可燃物载量的多少取决于可燃物积累与分解的速度，影响着林火的蔓延速度和火强度，是森林火灾发生的基础。

可燃物载量一般按有效可燃物和总可燃物来统计。

（1）有效可燃物。有效可燃物是指在森林火灾中能被燃烧掉的可燃物。它的变化很大，随着可燃物的厚度、排列、燃烧的持续时间和火的强度的变化而变化。如逆风火相对于顺风火，可以烧掉更多的可燃物。有效可燃物等于未燃烧前的可燃物减去燃烧后余下的可燃物。有效可燃物可以 kg/m² 来表示，但在野外应用时，多采用 t/hm²。

（2）最大有效可燃物。最大有效可燃物是指在最干旱的情况下，狂燃大火过后，可被烧掉的可燃物。它可理解为有效可燃物的最大值。

（3）总可燃物。总可燃物是指森林中单位面积上全部可燃物的总量。一般来说，在沟塘或草地，若可燃物数量增长为 $x$，则火强度的增加为 $x^2$，两者近似是平方的关系。曾有人对大兴安岭林区不同年限沟塘草甸细小可燃数量的增长做过调查，结果见表 2-2。

表 2-2　可燃物的增长与时间关系[13]

| 时间/a | 1 | 2 | 3 | 4 | 5 |
|---|---|---|---|---|---|
| 可燃物数量/kg·m⁻² | 0.85 | 1.05 | 1.25 | 1.4 | 1.5 |

从表 2-2 可看出，沟塘细小可燃物每年大约增长 0.15 kg/m²。可燃物数量的多少对点燃的影响很大，如果可燃物的数量很多，则含水量稍高也可点燃。在大兴安岭地区的沟塘，塔头上残留大量的干草母子，虽然在其上面生长草类的含水率达 40%（一般含水率超过 25% 就点不着），但也能烧着，只是蔓延速度稍慢而已，这主要是由于干草母子被点燃后，经预热作用所致。

根据可燃物负荷量及其理化性质、地形和气象因子等参数，建立适宜的火行为模型，计算林火蔓延速度、火线强度、火焰长度等指标，可以针对不同类型可燃物的潜在火行为进行有效模拟，从而为森林火灾预防和扑救工作提供参考依据。影响可燃物增长的因素有很多，其中的主要因素是年限。在大兴安岭地区的沟塘草甸，一般来说，火烧后的第一年可燃物增长得最快；第二年次之，第三年更少，以后逐年呈水平直线变化。另外，可燃物本身的结构不同，增长的速度也不一样，不同地区气候条件的不同，对可燃物的增长也有很大影响，有时高有时低。总之，根据不同地区可燃物的增长速度及其影响因素来研究可燃物的增长类型，对预测预报火灾的发生和火行为具有很重要的意义。

## 2.2 气象因子的影响作用

### 2.2.1 湿度

空气湿度是用来表示空气中水汽含量多少或表征空气干湿程度的物理量。可用不同方式来表示空气湿度。

（1）水汽压、饱和水汽压。空气是包含有干气和水汽的混合体。由水汽所引起的那一部分压强，称为水汽压。空气中的水汽含量越多，水汽压就越大。水汽压的单位与气压相同，用百帕（hPa）表示，通过百叶箱干湿球观测后查表计算。湿空气中由于水汽产生的压力，称为饱和水汽压。

（2）绝对湿度。单位容积的空气中所含有的水汽质量，称为绝对湿度，实际上就是水汽密度。绝对湿度的单位为 $g/cm^3$ 或 $g/m^3$，它能直接表示空气中水汽的绝对含量。绝对湿度不能直接测量，只能通过其他的测量间接计算求得。

（3）相对湿度。实际水汽压与同温度下饱和水汽压之比，称为相对湿度，用百分数表示。相对湿度的大小直接表示水汽距离饱和的程度，当空气中水汽饱和时，相对湿度等于100%，这时水汽就会冷凝成雨、雾滴、露水等形态，形成降水；当空气中水汽未饱和时，相对湿度小于100%；当空气中水汽过饱和时，相对湿度大于100%。相对湿度越小，表示空气越干燥，森林草原火险就越高。相对湿度的日变化主要取决于气温。气温增高，相对湿度就减小；气温下降，相对湿度就增大。因此，相对湿度的日变化最高值通常出现在清晨，最低值通常出现在午后。

一般有森林的地方要比无林处相对湿度大，林内湿度比林外大。相对湿度直接影响林火的发生和发展，这是因为它直接制约着可燃物水分的蒸发，湿度小时，可燃物水分蒸发得快，林火发生可能性大；反之，林火发生可能性就小些。当相对湿度达到75%~80%时，一般不发生林火；但如果长期干旱无雨，有时湿度在80%~90%也能发生林火。根据调查，月平均相对湿度在75%以上时，不发生林火；在75%~55%时，可能发生林火；在55%以内时，可能发生森林火灾和大森林火灾；在30%以下时，通常林区处在高火险天气，可能发生特大森林火灾。但当相对湿度和温度都低时，也不易发生特大森林火灾。所以，在考虑气象因子时，应综合、全面地考虑，甚至还要考虑历史（前期）条件。

### 2.2.2　温度

温度高低是随太阳辐射对地球表面的强弱而改变的。太阳辐射是指地球接受来自太阳的电磁波能量，主要是可见光、紫外光和红外光。通常气温是用来表示大气冷热程度的物理量，是指距离地面 1.5 m 高处的空气温度，单位为摄氏度（℃）。空气的冷热程度实际上是空气分子平均动能大小的表现，当空气获得热量时，其分子运动平均速度增大，随之平均动能增加，气温就升高；反之，当空气失去热量时，其分子运动平均速度减小，随之平均动能也减少，气温就降低。大气不能吸收太阳的短波辐射热，大气的热量主要来自地面的长波辐射。每天气温以日出前为最低，14:00 左右为最高。

一日内最高气温与最低气温之间的差异，称为气温日较差。气温日较差的大小和纬度、季节、地表性质和天气情况等有密切关系，纬度越低，日较差越大，反之则相反。空气温度与森林火灾的发生关系较密切，温度直接影响相对湿度的变化，日最高气温往往是某一地区着火与否的主要指标。

温度越高，水分越易蒸发，并会引起空气湿度的改变。温度增加，会明显降低相对湿度，促使森林可燃物干燥，提高其易燃性，使可燃物达到燃点所需的热量大大减少。据调查，月平均气温在 -10 ℃时，不发生火灾；在 -10~0 ℃时，可能发生火灾；在 0~10 ℃时，发生森林火灾次数最多，危害也相当严重；在 11~15 ℃时，北方地区一般都处于森林可燃物绿色阶段，自身含水量较大时期，森林火灾次数逐渐减少；在 19~20 ℃时，北方地区进入盛夏，一般不发生林火。另外，云量的多少会影响到达地面的太阳辐射，从而引起气温的变化。所以云量越多，地面太阳辐射的能量就越少，气温也随之降低，在一定程度上可以减少火灾发生的概率。

### 2.2.3　降水

从云中降落到地面上的液态或固态水的滴粒，称为降水，如雨、雪和雹等。而霜、露、雾、雾凇等则为水平降水，它们是由间接冻结而成，不是从空中降落地面的。

降落到地面的固态水，不蒸发、不径流、累积的水层厚度，称为降水量，单位以 mm 计算。在单位时间内的降水量，称为降水强度。

降水直接影响可燃物的含水量，特别是对死可燃物的影响最大，如果一个地区的年降水量超过 1500 mm，分布均匀，一般就不会发生或很少发生火灾。例如，热带雨林常年高温高湿，就不容易发生火灾。另外，各月份的降水量不同，发生火灾的情况也不一样。据调查，当月降水量超过 100 mm 时，一般不发生或少发生火灾。

森林庞大的树冠，能截留部分降水，通常 1 mm 的降水量对林内地被物的湿度几乎没有影响，2~5 mm 的降水量能使林地可燃物湿度大大增加，雨后一般不会发生火灾，即使林火发生也会降低火势或使火熄灭。

降雪既会增加林分的湿度，又会覆盖可燃物，使之与火源隔绝。一般在积雪尚未融化前不会发生火灾。霜、露、雾等水平降水对森林地被物的湿度也有一定影响，一般影响可燃物的含水量在 10% 左右。一般情况下，连续干旱的天数越长，林内地被物越干燥，发生林火的可能性就越大，火烧面积也越大。

### 2.2.4 风

空气在水平方向上的运动称为风，它是由水平方向气压分布不均而引起的。风对林火的影响包括风向和风速。风向是指风的来向；风速是指单位时间内空气在水平方向上流动的距离，通常用 m/s 或 km/h 表示。风向和降水有一定关系，如我国北方的春夏有从海洋吹来的偏东或偏南风，空气中含水量较多，遇冷温度下降，水汽凝结，容易产生丰沛的降水，这对防火是有利的。但也有些风向是导致林火的预兆，如内蒙古和东北地区，春季刮干旱的西风，就有可能发生火情。火灾发生后，刮西南大风，就可能使火蔓延成大灾，一时无法扑救。西北风一般温度较低，但很干燥，相对湿度小，也有助于火的蔓延。

风速能加强水分蒸发，促使森林地被物干燥，有利于火的发生。"火借风势""风助火威"。不管是从什么方向吹来的风，都能对火灾起到加氧和使灼烧的空气向前移动的作用，将火头前边的燃料迅速烘干，使火星向空中扬起，向各处散播。风越大，空气对流越强，越容易发生火旋风，火向上空窜，火灾呈跳跃式发展。从一般经验来看，平均风力三级（风速为 3.4~5.4 m/s）时，用火或打火都比较安全；风力达四级（风速为 5.5~7.9 m/s）时，则不那么安全。大风天还可使地表火转为树冠火。

风向和风速也可用来防火或灭火。有时为了消灭地表火或树冠火，常要根据风向来点迎面火，阻挡火势的发展。火烧防火线也需要依据风向风力来确定点火方向和用火的时间。

风是影响林火蔓延和发展的最重要的因子，风会加速可燃物水分蒸发从而使可燃物干燥，补充火场的氧气，同时增加火线前方的热量，使火烧得更旺，蔓延得更快。在连旱高温天气条件下，风是决定发生森林大火的最重要的因子之一。因此，了解和掌握风的特性在森林防火中是很重要的。

### 2.2.5 闪电

晴朗天气大气层呈正电，且从地表至高空以每升高 1 m 增加 100 V 的梯度上升。当积云出现时，便使这个梯度逆转，其范围可延伸到积云的上下边缘。在积云的下部常产生负电荷，而在其顶部产生正电荷。随着云层的发展，在云层下的地表面或其他与地面接触的物体上，云层底部的负电荷感应正电荷。当云层与地表的电势差足以产生云—地撞击时，一道"之"字形的闪电从云层向地面移动，接触地面后，又以更强的电流反射回原路，反射的力量和持续时间是决定能否引起森林草原火灾的重要因素。另外，雷电能否引燃可燃物，取决于森林草原可燃物或其他物体的干燥程度和易燃性。只有云—地闪电才会引起火灾，这种闪电只占所有闪电的 $1/4 \sim 1/3$。而云内闪电或云间闪电由于不会落入地面，故不会引起森林草原火灾。

我国绝大部分地区在春、夏、秋三季为雷暴季节，从南到北随着纬度的升高，四季变化越来越明显，雨水也越来越少。由于干雷暴多发生在北方地区，因此森林雷击火多分布在我国北方林区。

大兴安岭林区常发生的雷击火与当时的气旋活动有关。由贝加尔湖和蒙古移来的气旋和锋面系统，不仅能引起"干雷暴"（即打雷时没有雨，光有雷电出现，没有降水配合的雷暴，俗称"干雷暴"），而且常使地面增温、降湿，地被物干燥，并伴有风，一旦落雷便容易引起雷击火蔓延成灾。

森林雷击火与地面因子有关。落雷对于环境是有选择的，首先要求地面环境具有高的含水率，导电性强，所以沟塘草甸河边泉边土壤含水率大的地段约有70%以上的雷击火；其次是高大突出的地段；再次是平坦地段。落雷不但与地面环境有关，还与地形植被土壤等因子有关。从地形来看，切割较急剧、山坡与沟谷较明显的山地林区，比地势较平缓的草原、农耕区多；从土壤来看，对于土壤导电性和含水量是有选择的，潜育土、沼泽地、结构紧密又湿润的壤土地带，比干燥又疏松的沙土地带多；从植被来看，落叶松草类林和白桦草类林比落叶松杜鹃林、落叶松矶踯躅、越橘林中多，疏林地、采伐迹地及林缘比密林中多，草甸地比山林多。

## 2.2.6　气压

气压的空间分布称为气压场，气压场呈现的不同气压形势（如高压、低压）称为气压系统。气压的分布形势通常用等压面或等压线来表示。等压面是由空间气压相等的各点连接而成的面。由于同一高度的气压不等，故等压面并不是一个水平面，像地形一样，是一个高低起伏的曲面。$P$ 为等压面，$H_1$、$H_2$、$H_3$、…为高度间隔相等的若干等高线，它们分别与等压面相截（截面以虚线表示）。将这些截面投影到水平面上，便得出等压面（$P$）。和等压面上凸部位相对应的等高线是高压区，气压值由中心向外递减；和高压面下凹部位相对应的等高线是低压区，气压值由中心向外递增。因此，等压面上的等高线可表示空间等压面的起伏形势。在高空天气图中，一般将大气剖为 1000 hPa、850 hPa、700 hPa、500 hPa、300 hPa、200 hPa 等压面。

受高气压控制时，天气一般晴朗、干燥，森林草原燃烧性高，容易发生火灾；受低气压控制时，一般多为阴天，并伴有大量云雾和降水，可估测森林草原可燃性较低。但是在低压中心或气旋控制本地之前，常为低压暖区，即高温低压天气，有时还会出现西南大风，这时最容易发生山火。

### 2.2.7 极端天气

近年来，全球气候变暖，各种极端天气频繁发生，导致森林草原火灾的数量和受灾面积不断上升。对于我国而言，极端天气对比较敏感的林区（西南林区）的影响尤为明显。我国年平均气温升高了 0.5~0.8 ℃，与全球平均增温幅度相近[14]。我国多种极端的气象气候现象（如火灾、暴雨、洪水、冰雹、高温、干旱）较之过去出现的时间更长、程度更严重，给人们带来了很大的损失。其中，极端暖事件发生的频率要多于极端冷事件。在极端气候事件发生过程中，导致了大量林木折断和植被死亡，使发生森林草原火灾的危险性大大增加。我国每年受干旱、洪涝和台风等气象灾害影响的人口达几亿人次，未来 20 年，我国大部分地区的灾害风险暴露度将呈现上升趋势[15]。

连续干旱天数越长，气温越高，湿度越小，森林草原地被物越干燥，越容易发生火灾。连续干旱时期与林火面积呈线性函数关系。东北地区计算连续干旱，是以雪融化后的降水量为 5 mm 为临界点，在以后日期内，凡不足 5 mm 降水的日数，均属连续干旱。经过对 1987 年 "5·6" 特大森林火灾进行研究发现，这场特大火灾就是在持续干旱少雨的环流形式作用下，经历了长达 16 个月的漫长孕育期后产生的。万里鹏等对大兴安岭林区春季特大森林火灾与火灾发生前气象因子相互关系的研究也得到一致的结论，发现 43.9% 的特大森林火是由前期湿或者特湿转为后期干或者特干而导致的，并认为长期持续干旱容易导致特大火灾的发生[14]。

极端高温、干旱、夏季降水减少或分布不均等现象，也使得火灾频繁发生。比如厄尔尼诺现象引起的高温和干旱天气对中国森林草原火灾的影响很大。在 1987 年黑龙江省大兴安岭 "5·6" 特大森林火灾发生前，大兴安岭北部林区连续两年少雨，已形成一个少雨干旱中心，在这种高温干燥的气候条件下，森林地表和深层可燃物的含水率都降到最低限度，森林火险级居高不下。特大火灾就是在这样的气候背景和天气形势下发生的。而持续肆虐的森林火灾烧毁了大量原本可以吸收固定二氧化碳的森林植被，并产生大量温室气体，森林从碳吸收源变为碳排放源，进一步加剧全球变暖，导致山火季节延长、山火规模扩大，产生恶性循环[16]。

### 2.2.8　国内外的气候变化与森林草原火灾

#### 2.2.8.1　气候与森林草原火灾

气候是指某地区多年综合的天气状况。气候与天气既有密切联系，又有很大区别：天气是气候的基础，气候是天气的综合。气候是长期的天气状况，既包括经常出现的天气状况，也包括特殊年份可能出现的天气状况，如某地的极端最低气温等，虽仅出现一次，但仍有该地气候特征。因此，气候是时间尺度在一年以上比较长的大气过程。在日常生活中，我们常说："今天天气好"，而不能说："今天气候好"。

形成和影响气候变化的因子是太阳辐射、大气环流和下垫面性质（水陆、地形、植被等）。由于太阳辐射不同，地球分为赤道带、热带、副热带、温带、副寒带、寒带、极地七个气候带，南北半球相对称。一般将世界气候分为低纬度气候、中纬度气候、高纬度气候和高地气候四大区。它们与森林火灾的关系如下：

（1）低纬度气候区。

1）赤道多雨气候区：基本无森林火灾；

2）热带海洋气候区：少森林火灾；

3）热带干湿季风气候区：干季常发生森林火灾；

4）热带季风气候区：每当夏季风和热带气旋运动不正常时，会引起旱涝灾害。旱灾时可能发生森林火灾。而热带干旱气候区、热带多雾干旱气候区、热带半干旱气候区均为森林火灾严重区。

（2）中纬度气候区。

1）副热带干旱气候、副热带半干旱气候区：森林火灾区；

2）副热带季风气候区：我国南部地区处于这一气候区，冬春常发生森林火灾；

3）副热带湿润气候区：少森林火灾；

4）副热带夏干气候（地中海气候）区：夏季常发生森林火灾；

5）温带海洋性气候区：少森林火灾；

6）温带季风气候区：我国北部处于这一气候区，春秋常发生森林火灾；

7）温带大陆性湿润气候区：仍有森林火灾；

8）温带干旱、半干旱气候区：我国西北地区处于这种气候区，较易发生森林火灾。

（3）高纬度气候区。

1）副极地大陆性气候：如果夏季出现干旱，则易发生森林火灾；

2）极地苔原气候：自然植被是苔藓、地衣以及某些小灌木，很少发生火灾。

（4）高地气候区。由于高地的高度差很大，因此同一座高山，会出现不同的气候带，且会出现各种植被，森林火灾呈现复杂的状况。

### 2.2.8.2 国内外的气候变化与森林草原火灾

气候变化既受自然因素影响，也受人为因素影响。气候变化是指气候平均值或距平（离差）出现显著变化，一般来说，离差值越大，表明气候变化幅度越大，气候状态越不稳定。PCC 第五次评估报告的《综合报告》指出，人类对气候系统的影响是明确的，而且这种影响在不断增强。全球平均气温自 1880 年到 2012 年上升了 0.85 ℃，陆地升温变化比海洋升温变化明显，高纬度地区比低纬度地区显著。据中国气象局提供的资料，1983 年至 2012 年是最热的 30 年。在全球气候变化趋势中，中国气温变化趋势与全球气温变化一致，自 1913 年以来，我国地表平均温度上升 0.91 ℃，比世界平均水平高出 0.06 ℃。

气候变化带来的影响是多方面、多角度、多层次的。海洋变暖，其中海洋上层的温度已经明显增高，冰雪融化、海平面上升等其他问题也因此并发。北极和南极地区的冰储量连年减少。2001 年之前，格陵兰冰盖以每年 34 万吨的速度减少，南极冰盖以 30 万吨的速度减少；而 2002 年以后，格陵兰和南极冰储量的下降速度是 2001 年前的数倍。根据 IPCC 提供的资料，1971~2010 年，海平面在以每年 0.2 mm 的速度飞速上升，到 21 世纪末，海平面可能上升 0.26~0.82 m，其中 30%~55% 是由于海水受热体积膨胀，还有 15%~35% 是因为冰川融化。热量自上而下的传递，改变了深海温度，深层次地影响了海洋洋流。此外，海洋作为吸收全球碳的重要部分，碳浓度增加将导致海洋酸化。

人类活动导致的气候变暖已经是无可厚非的事实，其中对化石能源的过量使用是造成气候升温的重要原因。自 1860 年工业革命至今，$CO_2$ 浓度已经增加 40%，温室气体的排放会进一步导致全球增暖，以目前的状况来看，即使净人为 $CO_2$ 排放完全停止，表面温度仍会在多个世纪内基本维持在较高水平上。因此，限制温室气体排放是控制气候变暖的重要手段。

根据 IPCC 预测，2016~2035 年，全球地表温度将上升 0.3~0.7 ℃，促使全球呈现"干的地方更干，湿的地方更湿"特点。全球气候变化带来的极端事件增加，如暴雨、暴雪、冰雹、干旱等天气，较之过去出现时间更长、程度更严重。其中，极端暖事件发生的频率要多于极端冷事件。极端气候事件的发生会导致大量林木折断和植被死亡，使发生林火的危险性大大增加。如 2006 年我国川渝地区百年一遇的大旱使往年基本没有林火的重庆市，发生了 158 起林火，为历史罕见。气候变化导致气候异常，降水不均，多灾并发，如 2008 年我国南方的暴雪。气温微小的变化也会带来意想不到的后果。全球变暖带来的干旱、缺水，导致植物含水率降低，林地干燥，给森林带来巨大隐患，增加了森林草原火灾的发生概率。

林火历史的研究表明，过去几千年来高林火频率通常出现在研究地区气温高、降水少的吸干时期，气候冷湿时期的林火频率是很低的。林火发生频率在空间上的波动性是响应气候变化的另一个方面，林火空间上的波动性对于气温尤为敏感，气温升高，火场和火点质心均向北和向西移动。气候变化引起的气温升高、干旱期延长、空气湿度下降会导致火险期的提前和延长、林火频率和过火面积的增加及林火强度的增大。美国西部自 1980 年代中期开始春季雪融时间提前，这使得当地春季火险期提前到来，再加上夏季高温干旱期延长，导致美国西部火险期延长，并最终导致美国西部林火频率增加了近 3 倍，过火面积猛增 5.5 倍。同样的情况也发生在我国的大兴安岭林区，近些年来林区暖干化趋势明显，特别是频繁出现的夏季持续高温干旱，使本来很少有林火发生的夏季林火频发，林火数量和过火面积都呈增加趋势。在气候变暖背景下，加拿大、地中海盆地、澳大利亚、瑞士、西班牙和非洲的乞力马扎罗山等研究区域内的林火频率和林火强度也呈增加趋势。

　　风可以加速地表可燃物水分的蒸发，并且在森林可燃物干燥易燃的情况下，风向和风速是制约蔓延速度、林火强度和过火面积的决定性因素。近 50 年来，我国平均风速呈下降趋势，特别是东北地区。但风速减小对林火动态的影响小于气温升高和降水量减少对林火动态的影响。

　　地表温度的升高，以及地气之间对流的增强，大大提高了雷击发生的概率。伴随着雷击数量的增多，雷击火源也越来越多，如 20 世纪加拿大和阿拉斯加北方林地区大型雷击火的发生频率明显增加。

　　气候变暖对林火动态的影响还会通过大时空尺度海—气耦合系统的异常变化呈现出来。气象上把厄尔尼诺和南方涛动合称为 ENSO，厄尔尼诺现象发生时，赤道东太平洋大范围海水温度相对于常年偏高，从而改变赤道洋流和东南信风，全球大气环流模式发生变化，其中赤道西太平洋与印度洋之间海平面气压呈反相关关系，即南方涛动（southern oscillation，SO）。南美洲一些地区在发生厄尔尼诺现象时，海面升温，而赤道东太平洋出现了水温下降的现象，与厄尔尼诺特征相反，即拉尼娜。ENSO 是引起全球大气环流和水分循环异常的重要原因。ENSO会影响林火的年际活动，从而导致全球各地破坏性干旱、暴风雨和洪水的发生。Veblen 等研究发现美国 Colorado Front Range 地区林火与 ENSO 事件显著相关，在ENSO 暖期后几年内会出现林火发生高峰。尤其是 20 世纪 90 年代后，ENSO 现象出现频率更高。

　　由于气候变化的区域性差异，在全球暖干化的大背景趋势下，有些区域的气候朝着不利于林火发生的方向发展，如加拿大魁北克地区 19 世纪中期以来林火频率显著下降。

　　林火天气指数（fire weather index，FWI）是影响林火天气的各个气象要素的有机结合，是指示林火发生危险程度的量化指标。FWI 是研究气候变化对林火动态影响的重要媒介，文献报道中各国学者所应用的林火天气指数有所不同，加拿大、美国、澳大利亚、西班牙等都有其应用于全国范围的林火天气指数系统，且各系统都有几十年的应用历史，长期资料的积累非常有利于研究林火天气指数对气候变化的响应。

预期气候情景下林火动态的预估主要是通过计算预期气候情景下的林火天气指数来进行的，研究方法为把 GCM 和 RCM 相结合产生的预期气候情景下的模拟气象数据输入 FWI 系统，结合 FWI 与林火动态各因子的统计相关性，在假设林火动态对当前及未来气候具有相同响应方式的基础上，对未来的林火动态各因子做出预估。预估结果表明，在 21 世纪更暖的气候条件下，加拿大北方林地区林火状况将更加严峻，至 2050 年，过火面积将比现在增加 44%，火险期将延长22%，林区西部的林火周期将由现在的 25~234 a 缩短至 80~140 a；至 2100 年，过火面积将会比现在增加 74%~118%。俄罗斯、美国西部、澳大利亚、地中海等区域的研究也得出了基本一致的结论。预估结果也表明，未来林火状况的变化将存在很大的区域性差异，如 2050 年加拿大东部地区林火周期将延长至 700 a。

气候变暖会对森林的物种组成和分布产生影响。未来气候若呈"暖干化"（气温升高 5 ℃，降水减少 30%）趋势，兴安落叶松将向西北方退缩 100 km左右，长白落叶松将向西北方扩展 100 km 左右，华北落叶松将向东北方扩展800 km 左右；若呈"暖湿化"趋势（气温升高 5 ℃，降水增加 30%），兴安落叶松将向西北退缩 400 km 左右，长白落叶松将向西北方扩展 550 km，华北落叶松将向东北方扩展 320 km 左右。在植被带迁移过程中，有些植物将因不能适应新的环境而死亡，从而导致大量可燃物的累积，这会增大林火发生的可能性；同时，由于物种的组成和分布发生了改变，森林的易燃性和燃烧性也会发生相应的变化。

气候变化还会通过影响可燃物的理化性质来影响森林的易燃性和燃烧性，理化性质主要包括可燃物的燃点、热值和挥发油含量等。挥发油主要存在于针叶树中，其主要成分为单萜烯类化合物，在植物体内合成后首先贮存于体内的特殊结构中（如树脂道、油腺），然后通过气孔向大气中释放。挥发油含量大的植物燃点低，热值高。土壤干旱会导致植物体内挥发油含量的增加，Turtola 等的研究结果表明，在重度干旱条件下，苏格兰松（Pinus sylvestris）的枯烯含量和树脂含量比正常水分条件下的对照苗木分别增加了 39% 和 32%，挪威云杉（Picea abies）则分别增加了 35% 和 45%。Alessio 等的研究结果也表明，在干旱胁迫下，植物叶片枯烯含量增加，但枯烯含量的增加并未导致叶片燃点的降低，因此认为枯烯含量的增加在加大林火强度方面可能作用更大。

## 2.2.9 森林草原火险天气指数

无论由何种原因引发火灾，森林草原火灾的蔓延、传播和扑灭都需要一定的有利气象条件。为了对其火险等级进行评估，国内外研究机构开发了一系列利用气象因子预测火险指数的预报系统，如加拿大火险等级预报系统、澳大利亚McArthur 火险尺、美国国家火险等级预报系统等，中国国家气象局基于修正的布隆-戴维斯方法开发了业务化运行的森林火险气象指数[17]。同时，我国制定了中华人民共和国气象行业标准《森林火险气象等级》（QX/T 77—2007），并于2007年10月1日正式实施，以我国森林火灾和气象资料为基础，规定了我国森林火险气象等级的划分标准、名称、森林火险气象指数的计算和使用。同时，我国制定中华人民共和国气象行业标准《森林火险气象等级》（GB/T 36743—2018），并于2019年4月1日正式实施，以我国森林火灾和气象资料为基础，规定了我国森林火险气象等级的划分标准、名称、森林火险气象指数的计算和使用。

### 2.2.9.1　火险天气概念

森林草原火灾的发生和天气有着密切的联系。天气是指发生在大气中的各种自然现象，受气温、气压、湿度、风、云、雨、雾等气象要素影响，是它们在特定空间的综合表现。而火险天气，则是根据每天的主要火险要素，如气温、湿度、降水、可燃物含水率、干旱状况等进行计算而划分出的不同等级。在可燃物、火源不变的情况下，天气因素是决定林火发生与否的首要因素。它直接制约着可燃物的燃烧条件，以及燃烧以后的发展情况。也就是说，天气对火行为的影响是综合的影响，由于天气是多变的，因此，正确了解林火天气，并掌握天气与林火之间的关系，对于防火实际工作来说是特别重要的。

### 2.7.9.2　火险天气等级的划分

在森林草原火险预报工作中，有根据可燃物种类和数量、立地条件及小气候等来划分火险等级的，如苏联麦列霍夫的火险等级；有根据可燃物含水量等因素来划分火险等级的，如大兴安岭的火险等级；也有依靠标准化测量手段来划分火险程度和管理制度的。此外，还有根据气象火险指标来确定火险等级的，如各种火险预报方法中的火险指标与火险等级的划分。

根据林火天气火险指标来确定火险等级的方法，是目前森林火险预报常用的方法。这个方法的核心是火险天气指标与火险等级的配合，即当火险指标为多少到多少时，火险等级为几级。不同的预报方法有不同的指标范围，要做到指标同等级配合适度，必须满足下列两条：

（1）用编出的火险指标和火险等级来查验历史林火发生率，1~2级在5%以下，3级在15%左右，4级在30%左右，5级50%左右。即若有100次林火历史实例，则要有50次在5级火险天气范围内，30次在4级火险内，15次在3级内，5次在1~2级内；否则要做调整。

（2）用编出的火险指标来检验历史或当前的林火天气，看各火险等级天数出现的频率（次）是否具有两头小、中间大的特点，即3级火险天气频率（次）

最大，向两边依次减小。

此外，林火天气火险等级的确定还需要根据季节月份的不同而有所差别。如果火险天气指标是按月（或旬）来统计编制的，那么月份之间的差异就不存在。但目前许多地区在编制火险指标时，是根据整个防火期（如春季、秋季）的资料进行制作的，因此应有月份差异。因为不同月份的太阳高度不同，各项天气、气象要素的均值、极值都不同，所以如不考虑这种差异，则会出现有的月份全月无高级火险，有的月则全月无低级火险，显然与实际不符[13]。

## 2.3 地形、人类活动的影响作用

### 2.3.1 地形对森林草原火灾的影响作用

#### 2.3.1.1 坡向对森林草原火灾的影响

坡向对森林草原火灾的影响很大。据统计，攀枝花市火灾多发于东南坡、南坡、西南坡和西坡，这四个坡向发生的一般森林草原火灾次数占总次数的68%以上，其中以南坡的次数为最多，占总次数的25%[12]。此外，发生在南坡的火灾所造成的危害程度也远大于其他坡面[18]。这是因为不同坡向接受到的太阳的辐射不同，南坡受到的太阳的直接辐射大于北坡，偏东坡上午受到的太阳的直接辐射大于下午，偏西坡则相反。即南坡吸收的热量最多，西坡要大于东坡，北坡吸收的能量最少。因此南坡温度最高，可燃物易干燥，易燃。

#### 2.3.1.2 坡度对森林草原火灾的影响

不同坡度的降水停滞时间不同，陡坡的降水停留时间短，水分容易流失，可燃物容易干燥；相反，坡度平缓，降水停留时间长，可燃物湿度大，不容易干燥，也不容易着火和蔓延。火在山的条件下的蔓延与山的坡度密切相关，坡度越大，火的蔓延速度越快；相反，坡度平缓，火的蔓延缓慢。火的蔓延速度越快，火停留的时间就越短，因此林木危害轻，死亡率不高，这是对上山火而言的；下山火则相反。发生在陡坡和山顶部分的针叶林的上山火，容易由地表火转为树冠火，会给林木带来较大损害。坡长对林火蔓延的影响很大，一般坡长越长，越会促使上山火加快向山上蔓延。

#### 2.3.1.3 海拔对森林草原火灾的影响

海拔直接影响温度和湿度。一般海拔越高，气温越低，湿度越大，越不易发生火灾。另外，不同海拔会形成不同植被带，火灾季节早晚不同。如大兴安岭海拔低于500 m为针阔混交林带，春季火灾季节开始于3月；海拔在500~1100 m为针叶混交林，一般春季火灾季节开始于4月；海拔超过1100 m为偃松、落叶松林，火灾季节还要晚些。

#### 2.3.1.4　坡位对森林草原火灾的影响

在相同的坡向和坡度条件下,不同坡位的温湿状况、土壤条件、植被条件不同。从坡底到坡腰、坡顶,湿度由高到低,土壤由肥变瘠,植被由茂密到稀疏,而气温变化则较为复杂。高山每上升 100 m,气温下降 0.5 ℃左右。对于中小山地,由于其山顶受地面日间增温、夜间冷却的影响较小,风速较大,夜间地面的冷空气可以沿坡下沉,换来自由大气中较温暖的空气,因此气温日较差小;凹地则相反,气流不流畅,白天在强烈的阳光下,气温急剧增高,夜间冷气流下沉,谷底和盆地气温特别寒冷,因此气温日较差大。

一般情况下,坡底的林火昼夜变化较大,日间强烈,晚间较弱。坡底的植被,一旦燃烧,其火强度很大,顺坡加速蔓延,不易控制。坡顶的林火昼夜变化较小,其火强度较低,较易控制。据美国唐纳德·波瑞统计,不同坡位初次扑救失效百分率(4 hm² 以上)以坡底为最高,其次是坡面中段,最小为坡顶。

#### 2.3.1.5　地形风对森林草原火灾的影响

(1) 地形上升气流。上升气流主要因热、地形形成。当地形阻挡风时,会形成上升气流,这种气流会加速林火的蔓延。当风刮过地形突出位时,也会产生一种上升气流,这种气流往往会使林火沿山脊加速蔓延。

(2) 越山气流。越山气流的运动特征主要取决于风的垂直廓线、大气稳定度和山脉的形状。在风速基本不会随高度变化的微风情况下,空气呈平流波状平滑地越过山脊,称为片流。当风速比较大,且会随高度的增加而逐渐增加时,气流在山脉背风侧翻转形成涡流。当风速的垂直梯度大时,由山地产生的扰动引起波列,波列可伸展 25 km 或更远的距离。背风波通常是当深厚气流与山脊线所形成的交角在 30°以内,且风向随高度变化很小,风速向上必须是增加时才形成。对于低矮的山脊(1 km),最小的风速在 7 m/s 左右;而高度为 4 km 的山脊,当风速为 8~15 m/s 时,气流乱流性增强,并会在北风坡低层引起连续的转子。

以上四种越山气流类型,对森林火灾的影响以后三种最为显著,必须引起高度重视。特别是第四种越山气流,在背坡形成涡流,对背风坡的扑火队员有很大的威胁。还有一种越山气流,背坡产生反向气流,如果火从迎风坡向背风坡蔓延,在山脊附近有很好施放迎面火的位置,并且当火蔓延到背坡,下山的火势较弱容易扑救。

(3) 绕流。当气流经过孤立或间断的山体时,气流会绕过山体。当气流绕过孤立山体时,如果风速较小,则气流会分为两股,且两股气流速度有所加快,过山后不远处合并为一股,并恢复原流动状态;如果风速较大,则在山的两侧气流也会分为两股,并有所加强,但过山后将形成一系列排列有序,并随气流向下游移动的涡旋,称为卡门涡阶。在扑火和计划烧除时,要注意绕流。

(4) 山风和谷风。山坡受到太阳照射,热气流上升,就会产生谷风,通常开始于每天早上日出后 15~45 min。当太阳照不到山坡时，谷风就会消失，当山坡辐射冷却时，就会产生山风。在扑救森林火灾和计划烧除的过程中，要特别注意山风和谷风的变化。

（5）海陆风。在沿海地区，风以一天为周期，随日夜交替而转换。白天，风从海上吹向陆地，称为海风；夜间，风从陆地吹向海洋，称为陆风。海陆风是一种热力环流，是由于海陆之间存在差异而产生的。白天，陆上增热要比海上剧烈，产生了从海上指向陆地的水平气压梯度，因此下层风从海上吹向陆地，形成海风，上层风则从大陆吹向海洋；夜间，陆地降温比海上剧烈，形成了从陆地指向海上的水平气压梯度，下层风从陆地吹向海洋，上层风则从海洋吹向陆地。在沿海地区扑救森林火灾和计划烧除时，要注意海陆风的变化。

（6）焚风。焚风是从山上刮下来的干燥的风，它经过的地方，能把湿润的地被物的水分在短时间内蒸发掉，使其变成干柴，容易着火。焚风常发生在具有强烈的下降气流发展的反气旋所占据的山系中，在这种情况下，山脊的两面可同时发现焚风，最常见的是当气流越过较密的山脉时，迎风坡的气流被迫上升，由于绝热冷却水汽凝结，产生降水，在背风坡下沉时呈干燥绝热而温度升高，到达平地时，显示出极度的高温低湿状态，非常有利于火灾的发生。

关于焚风的解释是：湿空气沿迎风坡抬升，水汽凝结产生云和降水，气温以每千米 5~6 ℃饱和绝热递减；在背风坡下沉的水汽凝结的空气则以干绝热每千米 9.8 ℃增温，因此坡风成为干热风。有时焚风也可以在迎风坡出现，但无降水发生。只要空气从山顶高处下降到山区低处，空气就会在低处为逆温层阻塞而发生绝热压缩出现这种焚风。山地焚风只有在高山地区才能形成。例如，一团空气的温度为 20 ℃，相对湿度为 70%，凝结高度为 500 m，在迎风坡 500 m 以下，空气每上升 100 m，温度降低 1 ℃，到 500 m 高度时，气团温度为 15 ℃，这时相对湿度为 100%；在迎风坡 500 m 以上，空气每上升 100 m，温度降低 0.6 ℃，到山顶时，气团温度为 0 ℃，气流超过山顶以后，每下降 100 m，温度上升 1 ℃，到山脚时，气流温度就变为 30 ℃，相对湿度就变为 14%。

世界上最著名的焚风区有亚洲的阿尔泰山、欧洲的阿尔卑斯山、北美的落基山东坡。我国也有不少地方有焚风，例如，当偏西气流超过太行山下降时，位于太行山东麓的石家庄就会出现焚风。据统计，出现焚风时，石家庄的日平均气温相对于无焚风时可增高 10 ℃左右。又如，吉林省延吉盆地焚风与森林火情的关系是，延吉出现在焚风天的森林火情占同期森林火情的 30%。

地形起伏变化，影响着林火对林木的受害部位。一般情况下，树干被火烧伤的部位均在朝山坡的一面，称为林木片面燃烧。造成林木片面燃烧现象大体有两种原因：一种是在山地条件下，枯枝落叶积累在树干的迎山坡一侧较多，一旦发生火灾，在树干迎山坡一侧的火强度大，持续时间长，容易烧伤树木；另一种是当火在山地蔓延时，一般从山下向山上蔓延快，火在越过树干时形成旋涡火，在旋涡处停留时间较长，因此树干朝山坡一侧容易受害，形成树洞，在平坦地区，风向决定林木的片面燃烧部位，一般发生在背风面。

（7）峡谷风。若盛行风沿谷的长度方向吹，当谷地的宽度各处不同时，在狭窄处风速则增加，称为峡谷风。峡谷地带是扑火的危险地带。

（8）渠道效应。如果盛行风向不是垂直于谷长的方向，可发生"渠道效应"，使谷中气流沿谷的长方向吹。在扑救森林火灾和计划烧除时，不仅要注意主风方向，更要注意地形风。

（9）鞍形场涡流。当风越过山脊鞍形场时，将形成水平和垂直旋风。鞍形场涡流带常常造成扑火人员伤亡。

### 2.3.2　人类活动对森林草原火灾的影响作用

#### 2.3.2.1　人口因子

据统计，人口素质与国内生产总值呈较强的正比关系：人口素质较高的地区，经济发展情况较好。所以对人口因子的衡量可以该地区的人均 GDP 为衡量标准。攀枝花市一般森林草原火灾多发于人均 GDP 小于 1 万元的地区，占总次数的 70% 以上[12]。这是因为人类活动可以点燃森林草原火灾，如烧荒、放烟花、野外露营等。根据世界各国火灾资料统计，人为因素引起的火灾数量占森林火灾总数的 90% 以上，我国平均高达 99%。其中，在人为因素引起的林火中，野外吸烟占 46%，上坟烧纸占 35.1%，精神病患者或儿童玩火造成的火灾占 17.2%，其他火源引起的火灾占 2.7%。由此可见，陈旧习俗和不良习惯是造成人为火源的主要原因，占所有火灾总数的 80% 左右，其他因素是次要火源。

2001~2019 年，呼伦贝尔草原火烧面积的年际变化波动性较大，存在明显的高峰、低峰交错现象；月变化具有一定的规律性，呈明显的双峰分布特征，集中在每年的春（4 月、5 月）、秋（9 月、10 月）两季年尺度上，除了受气象因素影响，春、秋两季呼伦贝尔草原作业活动较多，人员活动较为频繁，车辆使用较为密集，也提供了更多的人为火源[19]。

#### 2.3.2.2　人口密度和载畜密度

中国内蒙古自治区和蒙古人民共和国边境上的五个行政区的人口密度和载畜密度均与草原过火率呈相反的分布趋势。中国内蒙古自治区境内的阿巴嘎旗、东乌珠穆沁旗和新巴尔虎右旗的人口密度和载畜密度比较高，而草原过火率较低；蒙古人民共和国境内的东方省和苏赫巴托尔省的人口密度和载畜密度相对较低，而草原过火率明显偏高[20]。

#### 2.3.2.3　森林草原管理政策

未经管理的森林和草原更容易引发大型火灾。定期对枯叶等腐烂物进行修剪和清除，有助于减少火灾的发生，并减小火灾对环境的影响。同时，森林草原火防控政策在一定程度上管控着人的行为活动，从而减少了人为火源的数量。境外火的面积远高于境内火，这也与中国严格的防控政策息息相关。

可以通过中国、蒙古国、俄罗斯的草原防火管理政策对比来研究其对草原火的影响，假设在20 km缓冲区内自然因素相同，那么缓冲区范围内过火面积的差异可以认为是由人为因素造成的，即中国、蒙古国、俄罗斯的草原管理政策对草原火的发生和防控起到了不同的作用。下面从草原的利用与管理、草原火灾的防控措施两方面来进行对比分析。在草原利用与管理方面，由于三国对土地的利用和管理方式有所不同，其草原利用政策、方式也有所差异（表2-3）。中国实行承包责任制并制定了《草原防火条例》，对预防、扑救、灾后处置和法律责任四方面提出了具体要求，并提倡多定居放牧、秋季收割，能够抑制草原火的发生；蒙古国实行共同管理制，由社区来承担责任和义务，传统游牧促使了草原火灾的发生；俄罗斯草原属私有制，其经营管理权直接下放到个人，个人经费不足、防控力度有限导致草原火灾得不到有效的预防。且蒙古国、俄罗斯两国没有制定专门的防火条例，仅在有关律法中对防火工作做出相关表述，对草原的相关规定很有限，不能有效控制草原火灾。

**表 2-3 中、蒙、俄三国的草原利用方式[19]**

| 项目 | 草原所有权 | 利用政策 | 利用方式 |
| --- | --- | --- | --- |
| 中国 | 国家所有制 | 承包责任制 | 定牧、禁牧、休牧、轮牧 |
| 蒙古国 | 国有制 | 共同管理制 | 传统游牧 |
| 俄罗斯 | 私有制 | 租赁制 | 轮牧 |

由于三国的草原火灾多为人为火，因此必须严格规范公民的用火活动，以预防草原火灾，表现在火源管理和防控基础设施两方面：在火源管理方面，中国采取了一系列措施，并提出了具体要求。而蒙、俄两国则缺少政策执行，政府、公民的防火意识都较为淡薄：俄罗斯不仅没有禁止公民的林地自由，且没有专门机构来处理自然灾害，存在瞒报、谎报现象；蒙古国对公民用火管控力度较低，频繁的游牧、狩猎活动致使草原火频发。在防火基础设施方面，中国兼备"三防"（防火隔离带、防火道路、防火物资储备库）、"三测"（地面监测、航空监测、卫星监测）、草原防火指挥信息系统和专业化的森林草原消防队，对防控越境火起到了关键作用；俄罗斯也采用了"三防"和"三测"相结合，但其防火经费远远跟不上需求，存在防火道路失修、消防设备老化、消防人员严重不足等问题；蒙古国由于资金不足、职责分工不明、救灾队伍不够专业，防控效率大打折扣[19]。

### 2.3.2.4 工业和交通

工业和交通的排放物也可能会增加火灾的风险。在一些极度干燥和炎热的地方，排放物中的化学物质可能会加速大气的干燥和加热，从而使得火灾更容易发生。此外，高压电线和铁路的火花也可能会引发火灾。因此，对于这些地区，必须采取措施以减少排放物的产生，同时加强火灾的预防和应对工作。

#### 2.3.2.5　偷猎和伐木

偷猎和伐木会对森林草原的防火能力产生负面影响。偷猎者会杀死森林草原中的动物，而这些动物可能在森林草原中起到重要的生态作用，这可能导致森林草原中的生态平衡被打破，从而增加了火灾的风险。伐木活动可能会留下许多被砍掉的树木，这些树木可能成为火源。此外，伐木后留下的木柴和树枝也会堆积在一起，成为火灾的助燃物。这些堆积的木柴和树枝还可能吸引火源，例如闪电，进一步增加了火灾的风险。为了保护森林草原的防火能力，需要采取相应措施，比如加强监管伐木活动，确保伐木后留下的木柴和树枝得到及时清理。此外，需要保护森林草原中的动物，以维护森林的生态平衡。

#### 2.3.2.6　过度开垦、过度放牧

过度开垦、过度放牧可能导致土地干旱和沙漠化，从而增加火灾的发生率。

过度放牧一方面会导致草原物种丰富度和初级生产力降低，以及地上可燃物总量减少；另一方面，牲畜采食降低了草地的覆盖率，破坏了景观连续度，使得火势难以蔓延，过火迹地面积减小。近50年来，中国内蒙古自治区牧民的生活方式逐渐由游牧向定居转变，人们在固有的土地上盲目地增加牲畜数量，以追求经济收益，使得草地承载率大大超出其所能承受的阈值，草原退化现象十分严重；而在蒙古国，牧民们仍保留着游牧的习惯，不断地迁徙和循环利用草场，使得草地有足够的恢复期，草原退化现象较轻，对火行为的抑制作用也较弱[20]。

### 2.3.3　地形、人类活动影响量化指数

（1）林地潜在火险系数 $D_{kj}$：

$$D_{kj} = F_1 a_1 + F_2 a_2 + F_3 a_3 + F_4 a_4 + F_5 a_5 + F_6 a_6 \qquad (2\text{-}3)$$

式中，$F_i$ 表示各因子的林地热性评定值，分别为：

$F_1$（林地类型）= $F_3$（坡向）× $F_4$（坡度）

$F_2$（优势种树）= $F_1$（林型）× $F_6$（疏密度）× $F_5$（林龄）

　　$F_3$（坡向）= $A_1 x - B_1$（$x$ 为坡向）

　　$F_4$（坡度）= $A_2 x - B_2$（$x$ 为坡度）

　　$F_5$（林龄）= $A_3 x - B_3$（$x$ 为林龄级）

　　$F_6$（疏密度）= $A_4 x - B_4$（$x$ 为疏密度）

各模型中的 $A_i$、$B_i$ 系数可根据当地林火个例资料，利用非线性方程求解法求出。

经过研究计算实际使用时可按下列各式：

$$F_3(坡向) = 1.0292 \times Y_{D(J,K)} - 0.3061 \times 100$$

式中，$Y_{D(J,K)}$ 表示坡向取值。

$$F_4(坡度) = 1.0256 \times Y_{D(J,K)} - 0.2474 \times 100$$

式中，$Y_{D(J,K)}$ 表示坡度取值。

$$F_5(林龄) = 1.0523 \times Y_{D(J,K)} - 0.3031 \times 100$$

式中，$Y_{D(J,K)}$ 表示林龄级取值。

$$F_6(疏密度) = 92.6255 \times Y_{D(J,K)} - 0.5165$$

式中，$Y_{D(J,K)}$ 表示疏密度取值。

$$F_1(林地类型) = F_3 \times \frac{F_4}{100}$$

$$F_2(优势种树) = F_5 \times F_6 \times \frac{Y_{D(J,K)}}{100}$$

式中，$Y_{D(J,K)}$ 表示林型取值。

权重系数 $a_i$：

$$a_1 = 0.20, a_2 = 0.30, a_3 = 0.10, a_4 = 0.10, a_5 = 0.15, a_6 = 0.15$$

$Y_{D(J,K)}$ 取值由表 2-4 给出。

表 2-4　$Y_{D(J,K)}$ 取值 [13]

| J | $Y_{D(J,K)}$ | K | | | | |
|---|---|---|---|---|---|---|
| | | 坡向 | 坡度 | 林型 | 林龄 | 疏密度 |
| 1<br>2<br>⋮<br>M | | 阳坡 1<br>平地 2<br>阴坡 3 | 缓坡 1<br>斜坡 3<br>平地 2<br>陡坡 4 | 草、针叶 1<br>阔叶 0.6<br>柞林 0.8<br>农田 0.0 | 草、幼 1<br>近熟林 4<br>过熟林 2<br>中龄林 5<br>成熟林 3 | 疏 1<br>中 2<br>密 3 |

注：若为泥田、水石等地，则林型为 0；若为草地荒地，则林型取针叶、林龄取幼、疏密取疏。

（2）单位人一天内引起林火的频次：

$$P_j = t_j \times B_1 \times G_i \tag{2-4}$$

式中，$B_1$ 为单位人单位时间内在林内的用火次数；$t_j$ 为进山人在 $j$ 林地的逗留时间，如白天按 12 h 计，则有：

$$t_j = \left( 12 - \frac{2L_{j,i}}{v} \right) \tag{2-5}$$

$L_{j,i}$ 为林地与村屯的距离；$v$ 为进入山林前和离开后，在途中的往返速度（取均值），km/h；$G_i$ 为 $i$ 居民区的人进山用火的不慎系数，且有：

$$G_i = \beta_{1i} + \beta_2 = \left[ 1 - \left( \frac{x_{2i}}{x_i} + \frac{M_{2i}}{M_{1i}} \right) \times 0.5 \right] + \beta_2 \tag{2-6}$$

式中，$x_{2i}$ 为 $i$ 居民区开展各种声、像防火宣传教育，已接受教育的总人数；$x_i$ 为 $i$ 居民区的总人数；$M_{2i}$ 为 $i$ 居民区现修设的路标、道口宣传板（栏、牌）的数量；$M_{1i}$ 为 $i$ 居民区应设置的路标、道口宣传板（栏、牌）的数量；$\beta_2$ 为各居民区因偶然或落后因素引起的不慎系数；$\beta_{1i}$ 为 $i$ 居民区的宣教落后系数。

（3）预报因子。影响森林草原火灾的随机因子有很多。林火发生预报的基本思路是根据影响林火发生的因子构造一个使"着火样本得分"与"不着火样本得分"分解得最好的一个线性判别函数，从而达到判别某日某地能否发生林火的目的。该方法选择了 13 个预报因子，在进行预报时，只需把当日某林业局（或林区）13 个项目的得分累加起来，看它是否超过"判据"，就可确定是否有林火发生（此法使用的资料是大兴安岭地区的，其预报只适用于大兴安岭地区）。其中和地形、人类活动影响相关的预报因子有：

1）地区（表 2-5）。

**表 2-5　地区类目编码与得分值**[13]

| 地区 | 岭南 | 岭北 |
|---|---|---|
| 编码 | 0 | 10 |
| 得分值 | 0 | 1 |

2）人口密度（表 2-6）。

**表 2-6　人口密度编码与得分值**[13]

| 人口密度/人·km$^{-2}$ | [0, 5) | [5, 10) | 10 以上 |
|---|---|---|---|
| 编码 | 0 | 11 | 12 |
| 得分值 | 0 | −0.1263 | 0.0340 |

3）道路密度（表 2-7）。

**表 2-7　道路密度编码与得分值**[13]

| 道路密度/km·km$^{-2}$ | [0.0, 0.10) | [0.10, 0.20) | 0.20 以上 |
|---|---|---|---|
| 编码 | 0 | 13 | 14 |
| 得分值 | 0 | 0.0192 | 0.1416 |

# 2.4　森林草原火灾影响因子耦合作用

上文提到了林火发生预报方法，该方法选择了 13 个预报因子，故有 13 个项目。每个项目又可分出许多细目，称为类目。根据项目和类目列出着火反应表和不着火反应表，由反应矩阵表可得：

$$x_\alpha = \begin{pmatrix} \delta_1(1,1) & \cdots & \delta_1(1,r_1) & \cdots & \delta_1(j,k) \\ & & \vdots & \ddots & \vdots \\ \delta_i(1,1) & \cdots & \delta_i(1,r_1) & \cdots & \delta_i(j,k) \end{pmatrix} \quad (2\text{-}7)$$

式中，当 $\alpha=1$ 时为着火反应矩阵，当 $\alpha=2$ 时为不着火反应矩阵；$i$ 为着火部分和不着火部分的样品个例；$k$ 为类目，共有 98 个类目；$\delta_i(j,k)$ 为反应矩阵的元素，其取值为：

$$\delta_i(j,\ k) = \begin{cases} 1, & \text{在第 } i \text{ 个样品中第 } j \text{ 个项目的第 } k \text{ 个类目反应时} \\ 0, & \text{在第 } i \text{ 个样品中第 } j \text{ 个项目的第 } k \text{ 个类目不反应时} \end{cases}$$

于是可建立线性判别函数：

$$\widehat{y} = \sum_{j=1}^{13} \sum_{k=1}^{r_j} \widehat{b_{j,k}} \delta_i(j,k) \quad (2\text{-}8)$$

式中，$\widehat{b_{j,k}}$ 为第 $j$ 个项目第 $k$ 个类目的得分值。

利用原始资料，按数量化理论 I 求解得分值的方法，解出各个得分值，有了得分值 $\widehat{b_{j,k}}$，便可由式（2-8）建立线性判别方程，回代样本值，即可由新样本计算出未来的判别值 $\widehat{y_i}$。为了判断 $\widehat{y_i}$ 属于哪类（着火类或不着火类），需有判据，判据由下式给出：

$$y_0 = \frac{S_2}{(S_1+S_2)\overline{\widehat{y_1}}} + \frac{S_1}{(S_1+S_2)\overline{\widehat{y_2}}} \quad (2\text{-}9)$$

式中，$y_0$ 为判据，当 $\overline{\widehat{y_i}} > y_0$ 时不发生林火，当 $\overline{\widehat{y_i}} \leq y_0$ 时，为发火日；$\overline{\widehat{y_1}}$ 为着火得分的平均数；$S_1$ 为着火样本的标准差；$\overline{\widehat{y_2}}$ 为不着火样本得分的平均数；$S_2$ 为不着火样本的标准差。

$$\overline{\widehat{y_1}} = \frac{1}{n_1} \sum_{i=1}^{n_1} \widehat{y}_{1,i}$$

$$S_1 = \sqrt{\frac{1}{n_1} \sum \left( \widehat{y}_{1,i} - \widehat{y_1} \right)^2}$$

$$\overline{\widehat{y_2}} = \frac{1}{n_2} \sum_{i=1}^{n_2} \widehat{y}_{2,i}$$

$$S_2 = \sqrt{\frac{1}{n_2} \sum \left( \widehat{y}_{2,i} - \widehat{y_2} \right)^2}$$

除上文提到的地区、人口密度和道路密度，其他各类目编码与得分值如下：

（1）日期（表2-8）。

**表 2-8　日期类目编码与得分值**[13]

| 时间 | 4月上旬 | 4月中旬 | 4月下旬 | 5月上旬 | 5月中旬 | 5月下旬 | 6月上旬 | 6月中旬 | 6月下旬 |
|---|---|---|---|---|---|---|---|---|---|
| 编码 | 1 | 2 | 3 | 4 | 5 | 6 | 7 | 8 | 9 |
| 得分值 | $\widehat{b_{11}}$ $-3.3184$ | $\widehat{b_{12}}$ $-0.3669$ | $\widehat{b_{13}}$ $-0.2754$ | $\widehat{b_{14}}$ $-0.3038$ | $\widehat{b_{15}}$ $-0.3224$ | $\widehat{b_{16}}$ $-0.2299$ | $\widehat{b_{17}}$ $-0.3675$ | $\widehat{b_{18}}$ $-0.2882$ | $\widehat{b_{19}}$ $-0.2162$ |

（2）火源等级（表2-9）。

**表 2-9　火源等级编码与得分值**[13]

| 火源等级 | 1（微） | 2（少） | 3（中） | 4（多） |
|---|---|---|---|---|
| 编码 | 0 | 15 | 16 | 17 |
| 类目得分 | 0 | $\widehat{b_{52}}=-0.0884$ | $\widehat{b_{52}}=-0.1403$ | $\widehat{b_{52}}=-0.3575$ |

（3）易燃物等级（表2-10）。

$$易燃物指标 = (10 \times W_1) + (20 \times W_2) + (30 \times W_3)$$

式中，$W_1$、$W_2$、$W_3$ 分别为针叶林、阔叶林、草类的面积占它们面积总和（$W_1 + W_2 + W_3$）的比例。

**表 2-10　易燃物等级编码与得分值**[13]

| 易燃物等级 | 1(10, 15) | 2(15, 20) | 3(20及以上) |
|---|---|---|---|
| 编码 | 0 | 18 | 19 |
| 得分值 | $\widehat{b_{61}}=0$ | $\widehat{b_{62}}=-0.0805$ | $\widehat{b_{63}}=-0.0732$ |

注：括号内数字为易燃物指标。

（4）最高气温（℃）（表2-11）。

**表 2-11　最高气温编码与得分值**[13]

| 最高气温 | 10 ℃以下 | [10, 15) | [15, 20) | [20, 25) | 25 ℃及以上 |
|---|---|---|---|---|---|
| 编码 | 0 | 20 | 21 | 22 | 23 |
| 类目得分 | $\widehat{b_{71}}=0$ | $\widehat{b_{72}}=-0.0155$ | $\widehat{b_{73}}=-0.0054$ | $\widehat{b_{74}}=0.0920$ | $\widehat{b_{75}}=-0.1453$ |

（5）前3日平均最高气温（℃）（表2-12）。

**表 2-12　前3日平均最高气温编码与得分值**[13]

| 前3日平均最高气温 | 10 ℃以下 | [10, 15) | [15, 20) | [20, 25) | 25 ℃及以上 |
|---|---|---|---|---|---|
| 编码 | 0 | 24 | 25 | 26 | 27 |
| 类目得分 | $\widehat{b_{81}}=0$ | $\widehat{b_{82}}=-0.0123$ | $\widehat{b_{83}}=-0.0063$ | $\widehat{b_{84}}=0.0330$ | $\widehat{b_{85}}=-0.0623$ |

（6）降水量（mm）（表2-13）。

**表2-13　24 h 降水量编码与得分值**[13]

| 降水量 | 0 | [0.0, 2.0) | [2.0, 4.0) | [4.0, 6.0) | 6.0及以上 |
|---|---|---|---|---|---|
| 编码 | 0 | 28 | 29 | 30 | 31 |
| 类目得分 | $\widehat{b_{91}}=0$ | $\widehat{b_{92}}=-0.0838$ | $\widehat{b_{93}}=-0.0782$ | $\widehat{b_{94}}=0.0243$ | $\widehat{b_{95}}=-0.1107$ |

（7）前期平均日降水量（mm）（表2-14）。

**表2-14　前期平均日降水量编码与得分值**[13]

| 前期平均日降水量 | [0, 1.0) | [1.0, 2.0) | [2.0, 3.0) | [3.0, 5.0) | 5.0及以上 |
|---|---|---|---|---|---|
| 编码 | 0 | 32 | 33 | 34 | 35 |
| 类目得分 | $\widehat{b_{10,1}}=0$ | $\widehat{b_{10,2}}=-0.0176$ | $\widehat{b_{10,3}}=-0.0484$ | $\widehat{b_{10,4}}=0.0334$ | $\widehat{b_{10,5}}=-0.0392$ |

（8）14时相对湿度（%）（表2-15）。

**表2-15　14时相对湿度编码与得分值**[13]

| 14时相对湿度 | [0, 15) | [15, 30) | [30, 45) | [45, 60) | 60及以上 |
|---|---|---|---|---|---|
| 编码 | 0 | 36 | 37 | 38 | 39 |
| 类目得分 | $\widehat{b_{11,1}}=0$ | $\widehat{b_{11,2}}=-0.1108$ | $\widehat{b_{11,3}}=-0.2209$ | $\widehat{b_{11,4}}=0.2932$ | $\widehat{b_{11,5}}=-0.2578$ |

（9）前3日平均14时相对湿度（%）（表2-16）。

**表2-16　前3日平均14时相对湿度（$\overline{H_{-3}}$）编码与得分值**[13]

| 前3日$\overline{H_{-3}}$ | [0, 15) | [15, 30) | [30, 45) | [45, 60) | 60及以上 |
|---|---|---|---|---|---|
| 编码 | 0 | 40 | 41 | 42 | 43 |
| 类目得分 | $\widehat{b_{12,1}}=0$ | $\widehat{b_{12,2}}=-0.0269$ | $\widehat{b_{12,3}}=-0.0729$ | $\widehat{b_{12,4}}=0.1181$ | $\widehat{b_{12,5}}=-0.1418$ |

（10）最大风速（m/s）（表2-17）。

**表2-17　最大风速编码与得分值**[13]

| 最大风速 | [0, 2) | [2, 4) | [4, 6) | [6, 8) | [8, 10) | 10及以上 |
|---|---|---|---|---|---|---|
| 编码 | 0 | 44 | 45 | 46 | 47 | 48 |
| 类目得分 | $\widehat{b_{13,1}}=0$ | $\widehat{b_{13,2}}=-0.2117$ | $\widehat{b_{13,3}}=-0.2053$ | $\widehat{b_{13,4}}=0.1845$ | $\widehat{b_{13,5}}=0.1675$ | $\widehat{b_{13,6}}=0.1479$ |

# 3 森林草原火灾蔓延模型

林火蔓延是一种林火行为，林火行为是指森林可燃物从点燃开始，直至熄灭的过程中，所表现出来的特性。林火蔓延模型是在各种简化条件下，应用数学的方法进行处理，导出林火行为（林火蔓延速度）与各种参数（如可燃物的性质、地形、气象因子等）间的定量关系式[21]，利用这些关系式去预测将要发生或正在发生的林火行为，指导扑火工作以及日常的林火管理工作。最早的火行为预测系统主要集中于预测一些特定的火，或者预测在火灾爆发之前的一些条件，许多早期的火灾系统提供的数据一般包括火头的蔓延速度、火线的增长速度和面积的增长速度，并用这些预测的结果绘制火灾图，这就是最初的火蔓延模拟。依据林火蔓延模型，预测林火现实及未来可能的蔓延速度、火线长度或火场面积。

林火的主要类型共有三种，分别是地下火、地表火和树冠火。据国内外的资料显示，地表火是一种最常见的火灾，占森林火灾的90%以上，因此目前林火蔓延模型都是针对地表火而建立的。自1946年W. R. Fons第一个提出林火蔓延数学模型以来，许多国家的学者针对不同的可燃物类型，基于各种各样的假定，提出了多种林火蔓延模型。林火蔓延模型是林火行为预测的核心。根据模型建立的方法，林火蔓延模型可分为三类，分别是经验模型、物理模型、半经验半物理模型[22]。目前世界主流的几种林火蔓延模型包括加拿大林火蔓延模型、澳大利亚McArthur模型、美国Rothermel模型、我国的王正非林火蔓延模型等，以及在这些模型基础上的修正模型。但是，每一种数学模型的运用都有其局限性，尤其是在没有建立在模型假设基础上的情况下，会产生较大的误差。因此，在使用任何蔓延模型进行估算时，首先要知道该数学模型的适用范围、条件以及它的优缺点。

## 3.1 经 验 模 型

林火蔓延模型中的经验模型是指基于过去林火发展的经验和数据建立的数学模型，用于预测和模拟未来林火的蔓延过程，这些经验模型是通过观察和分析历史林火事件的特征、影响因素和传播规律（如分析过去的林火事件，收集有关火源、地形、气象和燃烧物质的数据等）得出的，并根据这些信息进行参数化和校准，采用统计学方法等方法来建立模型，以提供对未来林火行为的估计和预测，从而帮助决策者和消防人员制订更有效的防火措施和应对策略。

林火蔓延模型的发展基于对林火行为和环境因素的深入理解，经验模型的构建通常基于以下几个关键要素：

（1）火源特征：经验模型会考虑火源的起始位置、大小、形状和强度等因素。这些特征直接影响火势的发展和传播速度。

（2）燃料特征：燃料包括植被、枯叶、树木和地表物质等。经验模型会考虑燃料的类型、含水率、密度和可燃性等特征，这些因素会影响火势的强度和蔓延速度。

（3）气象条件：气象因素对林火的蔓延具有重要影响。经验模型会考虑气温、湿度、风向、风速和降雨等因素，这些因素会影响火势的传播路径和速度。

（4）地形特征：地形对林火蔓延的路径选择和速度产生重要影响。经验模型会考虑地形的坡度、高度、朝向和植被类型等因素。

基于以上要素，经验模型可以采用不同的数学方法来描述和模拟林火的蔓延过程。需要注意的是，尽管经验模型可以提供有关火势蔓延的预测和指导，但也存在一些不可忽视的缺点，具体如下：

（1）数据局限性：经验模型的建立依赖于历史数据和观测数据，而这些数据可能存在一些局限性。例如，数据可能不完整或不准确，特别是对于较早期的火灾事件。此外，某些地区的数据可能有限，这可能限制了模型的适用性和准确性。

（2）因果关系难以捕捉：经验模型基于过去的经验和观测数据，试图建立不同因素之间的关系。然而，林火蔓延是一个复杂的过程，受到多个因素的相互作用影响，其中一些因素可能是难以捕捉和建模的。因此，经验模型可能无法准确地捕捉到所有的因果关系和交互影响。

（3）缺乏时空动态性：经验模型通常是基于静态的数据和观测而建立的，没有考虑到时空的动态性。然而，林火蔓延是一个动态的过程，会受到季节、天气变化、人类干预等因素的影响。经验模型可能无法有效地应对这种时空动态性，从而限制了其准确性和预测能力。

（4）缺乏灵活性：经验模型通常是基于特定地区或特定类型的林火数据而建立的，因此可能缺乏灵活性和泛化能力。当面临新的地理环境或不同类型的林火时，经验模型可能无法直接应用或需要进行适应性调整。这限制了经验模型在不同情境下的适用性和可靠性。

（5）不确定性和风险：由于林火蔓延受到多个复杂因素的影响，因此经验模型仍然存在一定的不确定性。模型的预测和模拟结果可能只是概率性的估计，并不能提供绝对准确的结果。这种不确定性可能会增加应对林火的风险，因为过度依赖经验模型的结果可能导致错误的决策或措施。

综上所述，尽管经验模型在林火蔓延模型中具有一定的应用和优势，但也需要认识到其局限性和不足之处。为了更好地应对林火的挑战，综合多种模型和方法，并结合实时观测和技术的进展，可能是更可靠和全面的解决方案。常用的经验模型是加拿大林火蔓延模型和澳大利亚 McArthur 模型，本节将详细介绍以上两个经验模型。

### 3.1.1　加拿大林火蔓延模型

加拿大是一个林火频发的国家，林火对生态环境、人类居住区和经济活动都造成了巨大的影响。为了有效管理和应对林火的威胁，加拿大林业局以及其他研究机构进行了大量的研究和数据收集，以了解和分析林火的蔓延过程。在这个过程中，研究人员积累了大量的经验和观测数据，并开发了各种林火蔓延模型，其中包括加拿大林火蔓延模型。

加拿大林火蔓延模型是加拿大火险等级系统（CFFDRS）所采用的方法。加拿大林火蔓延模型是一种基于经验和观测数据而建立的数学模型，旨在预测和模拟加拿大境内林火的蔓延过程。该模型基于大量的历史林火数据、气象数据、地形数据和植被数据等，通过分析这些数据之间的关系和模式，以及林火的特征和行为，来推断未来林火的蔓延情况。不同类别可燃物有不同的蔓延速度方程，但所有方程都是以最初蔓延指标（ISI）为独立变数，它与细小可燃物的含水量和风速有关。如在该模型中，对于针叶林的多数可燃物初始蔓延速度方程为：

$$\text{ROS} = a\left[1 - e^{-bx\text{ISI}}\right]^c \tag{3-1}$$

式中，ROS 为可燃物蔓延速度，m/min；$a$，$b$，$c$ 分别为不同可燃物类型的参数；ISI 为初始蔓延指标。对于在斜坡上蔓延的火，其蔓延速度只需要乘以一个适宜的蔓延因子即可，蔓延因子可用下式表示：

$$S_f = e^{3.533(\tan\varphi)1.2} \tag{3-2}$$

式中，$S_f$ 为蔓延因子；$\varphi$ 为地面的坡度。

该模型的优点是能方便且形象地认识火灾的各个分过程和整个火灾的过程；能成功地预测出和测试火参数相似情况下的火行为；能较充分地揭示林火这种复杂现象的作用规律。加拿大林火蔓延模型是通过 290 次点烧试验，收集、测量和分析实际火场和模拟实验的数据而得出的统计模型，由于不考虑任何热传机制，缺乏物理基础，因此当实际的火灾条件和试验条件差别较大时，使用这种基于数据统计的经验模型的精度就会降低。

### 3.1.2　澳大利亚 McArthur 模型

澳大利亚 McArthur 模型通过多次点烧实验，推导出林火蔓延速度与各参数的关系式，属于统计模型。蔓延速度方程如下：

$$R = 0.13F \tag{3-3}$$

式中，$R$ 为较平坦地面上的火蔓延速度，km/h；$F$ 为火险指数。

对于草地和桉树林地，分别给出了 $F$ 的表达形式，具体如下：

$$F = 2.0\exp[-23.6 + 5.01\ln B + 0.0281T_a - 0.226H_a^{0.5} + 0.633U^{0.5}] \tag{3-4}$$

$$F = 2.0\exp[-0.405 + 0.987\ln D' + 0.0348T_a - 0.0345H_a + 0.0234U] \tag{3-5}$$

式中，$B$ 为可燃物的处理程度，%；$T_a$ 为气温，℃；$H_a$ 为相对湿度，%；$U$ 为在 10 m 高处测得的平均风速，m/min；$D'$ 为干旱码。

对于斜坡林地，林火蔓延速度可简化为：

$$R_0 = R_e^{0.069\theta} \tag{3-6}$$

式中，$\theta$ 为地面坡度。

该模型是 I. R. Noble 等人对 McArthur 火险尺的数学描述，其优点是能够预报火险天气及部分重要的火行为参数，是扑火、用火不可缺少的工具。但它可适用的可燃物类型比较单一，主要是草地和桉树林，这对于我国南方森林及草原生态系统的预警研究具有一定的参考价值。

# 3.2　物　理　模　型

林火蔓延物理模型是基于能量守恒定律以及热传导所创建的模型。物理模型建立流程主要包括：首先，分析燃烧的化学过程和火头热量释放的物理过程，确定可燃物类型，并建立基本的物理模型；其次，确定可燃物类型的热物理特性和结构参数；然后，确定对该物理过程进行拟合的数学方法，并建立模型表达式；最后，测试模型，并根据结果对模型参数进行细微调整后最终定型。

物理模型最早是基于以热辐射作为主要热传导方式的能量守恒定律，并考虑风和坡度等因素的影响后建立的热扩散偏微分方程，以 Fons、Albini 等提出的林火蔓延模型为代表。此后，发展为基于更复杂机理的物理模型：美国洛斯阿莫斯国家实验室开发的 FIRETEC，不仅考虑了燃烧的热分解和热传导过程，同时还将燃烧热气流以及大气高梯度风气流的运动机理纳入模型；希腊 CINAR 开发的 AIOLOS-F，是利用三维守恒定律（质量、动量、能量）建立的燃烧和大气的动态互动模型，该模型现已集成在 CINAR 和欧洲公司联合开发的林火预防和控制软件 MEFISTO 之中；法国地中海岸大学和法国国家农业研究院联合开发的 FIRESTAR，认为林火是作用在具有异质性森林可燃物上的化学反应和热辐射流，并利用宏观守恒定律建立模型；美国国家科学技术研究院研制的 WFDS，主要用于预测林火蔓延至林地和城市交会地区时的情况，模型利用计算流体动力学模拟燃烧过程中的上升湍流、热传递、氧化、热降解等过程。各物理模型的表述虽然不尽相同，但研究的燃烧过程具有同样的物理化学原理，因此各物理模型的实质都是一样的，只是表达方式不同。

　　物理模型不同于经验模型，物理模型是基于物理学原理，通过数学方程和模拟算法来描述火灾的物理过程。它考虑了各种物理因素的相互作用，如燃烧过程、燃料特性、气象条件和地形等。经验模型则是基于实际观测数据和经验规律，通过统计分析和归纳总结而得出的。它依赖于历史数据和经验知识，并通过拟合和模式推断来预测火灾行为。物理模型在理论上更加准确和可靠，这是因为它基于基本的物理原理和科学理论，能够更全面地考虑各种因素的相互作用，并提供更精确的预测结果。然而，物理模型通常需要更多的数据和计算资源，并且在实际应用中需要更复杂的模型参数调整和验证。它需要详细描述燃料特性、天气条件、地形地貌等信息。这些数据的获取和处理可能会带来一定的挑战。经验模型在某种程度上更加简化，通常只需要较少地输入数据和参数。它可以根据经验规律和历史数据进行参数调整，减少了数据需求和参数化过程的复杂性。

　　此外，物理模型在理论上具有更高的灵活性，可以灵活地调整模型的各种参数和输入条件，从而适应不同的火灾场景和应用需求。然而，由于其复杂性，物理模型在实际应用中可能需要更多的专业知识和技术支持。本节将详细介绍物理模型中的法国 FIRESTAR 模型与 Albini 模型。

### 3.2.1　FIRESTAR 模型

　　FIRESTAR 模型是 2001 年法国农研院及地中海岸大学合作研发的结果。该模型提出的理论基础建立在对辐射流之上。研究人员认定森林火灾是在不同林内可燃物上蔓延的林火行为，并假设没有气体和固体颗粒之间的热力学平衡，利用宏观守恒定律建立模型。该模型公式如下：

$$\frac{\partial}{\partial t}(\alpha_g \rho_g) + \frac{\partial}{\partial x}(\alpha_g \rho_g u_x) = \sum_\alpha M_{s,\alpha} \tag{3-7}$$

$$\frac{\partial}{\partial t}(\alpha_g \rho_g Y_\alpha) + \frac{\partial}{\partial x}(\alpha_g \rho_g u_x Y_\alpha) = \frac{\partial}{\partial x}\left(\alpha_g \rho_g D_\alpha \frac{\partial Y_\alpha}{\partial x}\right) + \omega_\alpha + M_{s,\alpha} \tag{3-8}$$

$$\frac{\partial}{\partial t}(\alpha_g \rho_g u_x) + \frac{\partial}{\partial x}(\alpha_g \rho_g u_x^2) = \frac{\partial}{\partial x}(\alpha_g(\sigma_{xx} + \sigma_{xy})) - \frac{3}{8}\alpha_g \rho_g C_d \times | u_x | u_x \sigma_s \alpha_s \tag{3-9}$$

$$\frac{\partial}{\partial t}(\alpha_g \rho_g h) + \frac{\partial}{\partial x}(\alpha_g \rho_g u_x h) = \frac{\partial}{\partial x}\left(\alpha_g k_g \frac{\partial T}{\partial x}\right) - h_{conv} + \sigma_s \alpha_s(T - T_s) \tag{3-10}$$

式中，$T$ 和 $T_s$ 表示温度，用来描述两者之间的热不平衡（假设固体颗粒是热薄的）；$\sigma_s$ 为固体燃料颗粒的表面体积比；$h_{conv}$ 为传热系数。

　　FIRESTAR 模型利用宏观守恒定律建立模型，主要研究了松针燃料床的蔓延速度，描述了控制火焰蔓延的物理机制及气体流动和固体燃料颗粒之间的相互作用。该模型认为林火是作用在具有异质性森林可燃物上的化学反应和热辐射流，但在该模型中没有考虑气体和固体颗粒之间的热力学平衡[23]。

### 3.2.2 Albini 模型

Albini 模型是一种用于预测森林火灾蔓延速率的物理模型。它由美国林火研究员 Albert S. Albini 于 1976 年提出，该模型基于物理和经验规律，用于估计林火的垂直蔓延速度和水平蔓延速度，评估森林火灾的蔓延潜力和速率，可通过探索火焰长度和燃烧物质的质量损失之间的关系来推算。

Albini 模型基于简单的假设，即火焰长度与燃烧物质的质量损失成正比。根据这一假设，模型分为垂直蔓延速度和水平蔓延速度两个部分。垂直蔓延速度是火焰在竖直方向上的上升速度，用于衡量火焰的热对流传播能力。水平蔓延速度则是火焰在水平方向上的传播速度，用于描述火灾在地表的蔓延能力。

Albini 模型的核心是火灾蔓延指数，用于评估火灾蔓延的潜力。火灾蔓延指数是通过燃烧速率因子（burn rate index）和火势能因子（flame length index）的乘积计算得出的。其中，燃烧速率因子表示单位面积上燃料的燃烧速率，通常用 $kg/m^2$ 来表示，它考虑了燃料负荷、燃料湿度以及燃烧效率等因素对火灾蔓延的影响；火势能因子表示火焰的长度和能量释放情况，用于估计火灾的火势，火势能因子与火焰长度以及火焰形态相关，可以通过测量火焰长度或使用经验关系进行估算。

Albini 模型基于火灾的火线速率和火头速率之间的关系，用来估计火灾在不同地理和气象条件下的蔓延速率。模型的输入参数包括可燃物本身的物理性质（如密度、湿度等）、气象因素（如风速、相对湿度等）以及地形参数（如坡度、坡向等），这些参数对火灾蔓延的影响被整合到燃烧速率因子和火势能因子中[24]。

该模型的优点在于它具有简单的数学形式和计算方法，容易理解和应用，并且可以适用于各种类型的林地和地理区域，在不同国家和地区得到了广泛应用。相对于其他复杂的火蔓延模型，Albini 模型对于数据的需求较低，只需要基本的可燃物属性和气象数据即可进行预测。

然而该模型也存在一定的局限性。Albini 模型仅适用于平坦地形、低至中等强度的火灾等条件下的蔓延预测，并且它是基于简化的假设和参数，没有考虑火灾的时空特性以及火灾与周围环境的相互作用，因此其在复杂火灾情况下的准确性可能有限。此外，该模型是建立在经验和观测数据的基础上，没有明确的理论基础支持，因此在某些情况下可能存在预测误差。

综上所述，Albini 模型作为一种简单易用的火蔓延预测工具，在一些特定条件下具有实用性。然而，在应用该物理模型时需要考虑其局限性，并结合其他模型或实际观测数据进行综合分析，以获得更准确的火灾蔓延预测结果。

## 3.3　半经验半物理模型

### 3.3.1　王正非模型

王正非模型是通过对我国大兴安岭山火蔓延进行研究而得出的山火蔓延模型，该模型也是建立在大量的实验的基础上，得出的林火蔓延速度关系式，属于半经验半物理模型。蔓延速度方程如下：

$$R = R_0 K_S K_W K_\varphi \tag{3-11}$$

式中，$R$ 为可燃物的蔓延速度；$R_0$ 为日燃烧指标，m/s，取决于细小可燃物的含水量；$K_S$ 为可燃物配置格局的调整系数，是随时间和地点而改变的常数；$K_W$ 为风速调整系数，$K_W = e^{0.1783v}$；$K_\varphi$ 为地形坡度更正系数，$K_\varphi = e^{3.533(\tan\varphi)^{1.2}}$，与加拿大的蔓延因子是一致的。各个参数的具体确定如下：

（1）初始蔓延速度 $R_0$ 的确定：王正非教授对实测数据进行回归分析，加上符合预报理论和物理机制的分析，计算得出林火蔓延的初始速度，如下式所示：

$$R_0 = 0.0299T + 0.047W + 0.009 \times (100 - h) - 0.304 \tag{3-12}$$

式中，$T$ 为每日最高温度；$W$ 为中午的平均风力（风力等级划分表参照中国气象局发布）；$h$ 为每日的最小相对湿度。

（2）可燃物类型修正系数 $K_S$ 的确定：可燃物类型是指具有明显的代表植物种，可燃物种类、形状、大小、组成以及其他一些对林火蔓延和控制有影响的特征相似或相同的复合体。不同可燃物类型对林火蔓延速度的影响不同，比如草甸比针叶林更易燃，且草甸着火后的蔓延速度比针叶林快[25]。

（3）风速修正系数 $K_W$ 的确定：风因素分为风速和风向。一般来说，风方向便是林火火头的蔓延方向，而风速则直接影响了林火的蔓延速度。众所周知，风速越大，林火在风方向的蔓延速度越大，风速修正系数 $K_W$ 就越大。当可燃物为草甸、坡度为零（即平地）时，根据王正非对林火蔓延实验的实验记录，取指数函数为经验回归方程类型，利用一元回归的方法得到风速与火速的经验公式：

$$K_W = e^{0.1783v}$$

式中，$v$ 为风速。

（4）坡度修正系数 $K_\varphi$ 的确定：地形中的坡度和坡向则是影响林火蔓延速度的另一主要因素。通常上坡火蔓延速度快，下坡火蔓延速度慢。坡度越大，降水越易流失，可燃物越干燥，从而间接加速林火蔓延。坡向不同也会影响可燃物湿度，向阳坡有太阳光照射，可燃物湿度小，易燃；反之，可燃物湿度大，不易燃。

加拿大国家林火预报系统根据风速与火速的经验公式进一步求出了上坡、下坡两个方向的蔓延速度，并给出的坡度影响因子：

$$K_{\varphi} = \mathrm{e}^{3.533(\tan\varphi)^{1.2}}$$

式中，$\varphi$ 为地形坡度角。

当建立该模型时，需要考虑以下五个因素：可燃物的物理化学性质、可燃物的湿度、风速、可燃物的配置格局以及地面坡度。这些因素在林火蔓延行为中起着重要作用，并且被纳入模型构建的考虑范围之中。

该模型对于研究平地无风、无风上坡以及顺风上坡且坡度不超过 65° 的林地非常适用。对于这些特定条件下的火灾蔓延行为预测，该模型能够提供准确的结果。该模型的构建基于统计和物理规律，通过建立自然因素与火行为之间的关系，能够提供对火灾蔓延行为的定量预测。这有助于决策者采取相应的防火和应急措施，以减轻火灾带来的影响。此外，模型中的各调整系数已经由王正非提供了相应的关系表，可以直接查找使用，简化了计算过程，提高了模型的易用性。

然而，该模型也存在一些局限性。首先，它不考虑粗大的可燃物，如原木和大的树枝，这在实际火灾中可能会对火势蔓延产生重要影响。因此，在模型应用中需要注意这个限制，尤其是在涉及这些可燃物的情况下。其次，该模型忽略了火蔓延的时空特性，仅基于统计和物理规律进行预测[26]。这意味着对于复杂系统模型，例如那些涉及非线性效应的情况，模型的预测能力可能会受到限制。最后，该模型的建立是基于数学模型和物理规律，其求解过程可能变得困难，尤其是当系统变得更加复杂时。这可能会导致对微分方程求解的困难，限制了模型在复杂情况下的适用性。总体而言，该模型在特定条件下能够提供准确的火灾蔓延预测，但在考虑模型的局限性和适用范围时，需要谨慎使用，并结合其他方法和实际情况进行综合分析。

毛贤敏等则考虑风向和地形的组合，对坡度影响因子 $K_{\varphi}$ 继续进行改进，导出了上坡、下坡、左平坡、右平坡和风方向的五个方向的方程组，使该模型更适用于实际[27]，该模型在目前的林火蔓延情境中应用广泛。风向和地形结合后的模型为：

上坡：

$$R = R_0 K_S K_W K_{\varphi} = R_0 \times K_S \times \mathrm{e}^{0.1783v\cos\theta} \times \mathrm{e}^{3.533(\tan\varphi)^{1.2}} \tag{3-13}$$

下坡：

$$R = R_0 K_S K_W K_{\varphi} = R_0 \times K_S \times \mathrm{e}^{0.1783v\cos(180°-\theta)} \times \mathrm{e}^{-3.533(\tan\varphi)^{1.2}} \tag{3-14}$$

左平坡：

$$R = R_0 K_S K_W K_{\varphi} = R_0 \times K_S \times \mathrm{e}^{0.1783v\cos(\theta+90°)} \tag{3-15}$$

右平坡：

$$R = R_0 K_S K_W K_{\varphi} = R_0 \times K_S \times \mathrm{e}^{0.1783v\cos(\theta-90°)} \tag{3-16}$$

风方向：

$$R = R_0 K_S K_W K_\varphi = R_0 \times K_S \times e^{0.1783v} \times e^{-3.533(\tan(\varphi\cos\theta))^{1.2}} \qquad (3\text{-}17)$$

$$(0 < \theta < 90° \text{ 或 } 270° < \theta < 360°)$$

$$R = R_0 K_S K_W K_\varphi = R_0 \times K_S \times e^{0.1783v} \times e^{-3.533(\tan(\varphi\cos(180°-\theta)))^{1.2}} \qquad (3\text{-}18)$$

$$(90° < \theta < 270°)$$

### 3.3.2　美国 Rothermel 模型

美国的 Rothermel 模型是最典型的半经验半物理模型，该模型是建立在基于能量守恒定律和室内实验、室外真实火灾统计的基础上，从火灾蔓延的主要物理机理出发，推导出来的林火蔓延方程[28]。方程如下：

$$R = \frac{I_R \xi (1 + \varphi_W + \varphi_S)}{\rho_b \varepsilon Q_{ig}} \qquad (3\text{-}19)$$

式中，$R$ 为火灾稳态蔓延速度，m/min；$I_R$ 为反应强度，kJ/(min·m²)；$\xi$ 为传播速率；$\rho_b$ 为可燃物密度，kg/m³；$\varepsilon$ 为有效热系数；$Q_{ig}$ 为点燃单位质量（或重量）可燃物所需的热量，kJ/kg；$\varphi_W$ 为风速修正系数；$\varphi_S$ 为坡度修正系数。

Rothermel 模型主要研究火焰前锋的蔓延过程，没有考虑过火火场的持续燃烧。该模型是从宏观方面研究林火蔓延的，它假设可燃物载床和地形地势在空间上分布连续，并且可燃物的含水率、风速、坡度等参数是一致的。在模拟林火蔓延的过程中，将热传导、热对流和热辐射考虑进来。由于该模型是基于能量守恒定律的物理机理模型，抽象程度较高，因而其具有较宽的适用范围。

Rothermel 模型本身也是一个半经验模型，因为很多参数需要通过试验来获取，模型的输入参数高达 11 项，参数之间又有嵌套关系，有一定的局限性，在我国大部分地区不具备预测这些参数的条件。模型的主要缺点还在于它要求野外的可燃物是连续均匀分布的，且可燃物的含水率不大于 30%，当可燃物床层的含水量超过 35% 时，Rothermel 模型就失效了。而且它对于可燃物直径的要求非常苛刻（小于 8 cm 的各种级别的混合物），忽略了比较大型的可燃物的影响。

后来，德国首先利用 BEHAVE 验证了 Rothermel 模型在德国林火中应用的可行性，而后建立了火险预报系统 FARSITE。此系统与 BEHAVE 有相同的算法和公式，但它在改进后可用来模拟德国的不同可燃物类型、不同地形上林火的蔓延，系统中采用了 GIS 技术，提高了系统效率。

## 3.4　部分经典林火蔓延改进模型

### 3.4.1　Rothermel 抛物线-半圆改进模型

Rothermel 模型已被广泛用于森林地表火行为监测预报及林火管理中。一些关于林火蔓延的研究从数学角度对这一模型进行修改以简化计算。如将椭圆模型修改成抛物线-半圆模型，这种改进模型在林火蔓延模型的研究上进行了有益的尝试，但在改进模型严密性以及与实际情况的符合程度上还应稍加斟酌。

抛物线-半圆模型将描述传统地表火蔓延形状的椭圆形假设修改成抛物线和半圆组合的形式，如图 3-1 所示。此模型先求出火头前进的纵向距离 $a$：

$$a = vt \tag{3-20}$$

式中，$v$ 为火头蔓延速率；$t$ 为火蔓延时间。

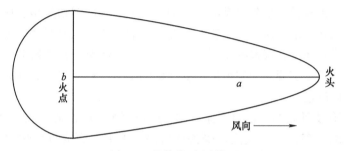

图 3-1　抛物线-半圆模型

根据不同风速下纵向、横向比例确定出横向长度 $b$，进而确定出抛物线形状，火尾的蔓延是一个与抛物线相切的半圆形。

这一修改试图使火场面积及火场周长计算公式所用的参数减少，但这种修改在计算简便性上改进不大，若将林火蔓延区域描述成椭圆，则：

$$S = K_s(R \times t)^2 \tag{3-21}$$

式中，$S$ 为 $t$ 时间后的火场面积；$K_s = \pi/(4L/B)$，$L$、$B$ 分别为椭圆的长轴、短轴。

若将林火蔓延形状描述成抛物线-半圆形，则其面积公式为：

$$S = \left[ \frac{\pi}{2} \times \frac{1}{\lambda^2} + \frac{4}{3} \times \frac{1}{\lambda} \right] (RT)^2 \tag{3-22}$$

式中，$\lambda$ 为图 3-1 中的纵向距离与横向距离之比（$a/b$）。可见，改进后的公式表面上看只与速率 $R$ 有关，实际上将纵横向的比值隐含在参数 $\lambda$ 中。$\lambda$ 并不是一个常数，而是随着火蔓延过程中纵向、横向距离比值的变化而取不同值，与改进后的式（3-20）相比所需参数减少得不多。

另外，在风向较稳定时，均匀介质中地表火初始蔓延的形状呈椭圆形，这一模型与许多模拟实验及实际林火中观察到的林火蔓延的近似形状相符。但抛物线-半圆是一个改进模型，不一定与实际火场形状相符。

## 3.4.2　基于王正非林火蔓延模型的改进模型

首先，王正非林火蔓延模型主要存在两个不足：

不足一：此模型在初始蔓延速度 $R_0$ 的确定上，只是在室内（或无风）条件下，根据实验数据给出初始蔓延速度 $R_0$，而对可燃物与蔓延速度的关系没有进一步研究，无法推广。在初始蔓延速度 $R_0$ 的确定上，目前没有任何研究给出模型。

不足二：在坡度影响因子 $K_\varphi$ 的模型关系式中，正切函数在计算一些随机地形坡度角时，会出现计算困难和结果不准确的问题，导致最终的计算结果不准确。而且，即使使用王正非教授给出的经验值，也是一个区间内的坡度对应一个坡度影响因子，会导致计算结果不准确。

前文在王正非林火蔓延模型的建立中，除了考虑可燃物类型、坡度、风速三大影响因素以外，重点研究可燃物湿度对林火的初始蔓延速度（即无风时在水平方向上的火蔓延速度，仅取决于可燃物类型与可燃物湿度）的影响，结合改进后的坡度影响因子，实现风向与坡度的更准确的结合，最终实现对林火蔓延速度预估模型的整体改进。

影响初始蔓延速度 $R_0$ 的因素主要与可燃物本身性质有关，外界环境因素（如风和坡度等）影响次之。受条件所限，本书仅研究可燃物湿度与初始蔓延速度 $R_0$ 的影响因子，给出初始蔓延速度 $R_0$ 与可燃物湿度之间的关系式。

根据可燃物湿度可以判断可燃物燃烧的难易程度，及火灾发生后的火势和林火蔓延速度等。王正非模型中的初始蔓延速度 $R_0$ 仅适用于实验情况下的 $R_0$ 判断，当实际情况与实验数据不符时，将导致模型精度下降。

该改进模型利用西南林学院气象教研室收集的安宁市、楚雄市的有关气象资料、森林火灾资料以及小气候观测原始数据，选取其中 6 组点烧实验数据[29]。可燃物湿度通过使用相对应的仪器精准测量得到，初始蔓延速度 $R_0$ 为实验数据，即单位时间内的火蔓延速度，整理可燃物湿度与初始蔓延速度 $R_0$ 的对应表，见表 3-1。

**表 3-1　可燃物湿度与初始蔓延速度 $R_0$ 的对应表**

| 可燃物湿度/% | 初始蔓延速度 $R_0/\mathrm{m} \cdot \min^{-1}$ |
| --- | --- |
| 7.4 | 0.657 |
| 13.8 | 0.3393 |
| 16.8 | 0.385 |
| 20.9 | 0.314 |
| 12.0 | 0.562 |
| 13.6 | 0.552 |

不考虑其他因素对初始蔓延速度的影响，即暂时将其他因素看作常数，取指数函数为经验回归方程类型，利用一元回归的方法得到可燃物湿度与初始蔓延速度 $R_0$ 的关系式：

$$R_0 = 1.0372 \times e^{-0.057m} \tag{3-23}$$

式中，$m$ 为可燃物湿度，%；$R_0$ 为初始蔓延速度，m/min。

随后，将实验值与计算值进行对比，$r^2$ 为 0.8415，将其开方得到相关系数 $r = 0.9201$。

根据得到的模型关系式，将可燃物湿度依次代入，得到模型计算值，最后再与实验值进行对比。经过对比之后可以得到，可燃物湿度对初始蔓延速度 $R_0$ 的影响极高，可以在实际火情中，应用可燃物湿度对初始蔓延速度 $R_0$ 进行简易判断，从而提高预估林火蔓延速度的效率。

确定 $R_0$ 之后，求解林火蔓延速度 $R$：王正非模型中影响林火蔓延速度 $R$ 的因素主要有四个，分别是初始蔓延速度 $R_0$、风速、可燃物类型、坡度。本节采用王正非教授提出的坡度影响因子经验值，得到坡度与影响因子 $K_\varphi$ 的散点图。下坡及平坡坡度修正系数，如图 3-2 所示；上坡坡度修正系数，如图 3-3 所示。

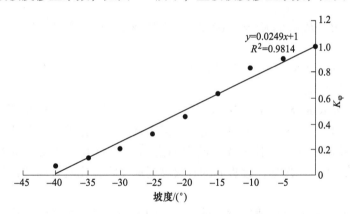

图 3-2 下坡及平坡坡度修正系数 $K_\varphi$

利用一元回归的方法得到坡度与影响因子 $K_\varphi$ 的线性回归模型公式为：

$$K_\varphi = 0.0249w + 1 \quad (w \leqslant 0°) \tag{3-24}$$
$$K_\varphi = 0.6172e^{0.0805w} \quad (w > 0°) \tag{3-25}$$

式中，$w$ 为坡度；$K_\varphi$ 为坡度影响因子。

下坡及平坡（$w \leqslant 0°$）时，$r^2$ 为 0.9814，将其开方得到相关系数 $r = 0.9907$；上坡（$w > 0°$）时，$r^2$ 为 0.9773，将其开方得到相关系数 $r = 0.9886$。最终，得到的林火蔓延速度改进模型为：

上坡：

$$R = R_0 K_S K_W K_\varphi = 1.0372 \times e^{-0.057m} \times K_S \times e^{0.1783v\cos\theta} \times 0.6172e^{0.0805w} \tag{3-26}$$

下坡：

$$R = R_0 K_S K_W K_\varphi = 1.0372 \times e^{-0.057m} \times K_S \times e^{0.1783v\cos(180°-\theta)} \times (0.0249w + 1) \tag{3-27}$$

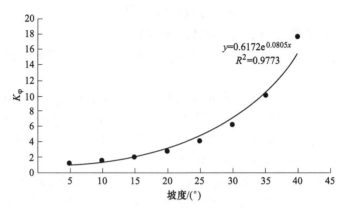

图 3-3　上坡坡度修正系数 $K_\varphi$

左平坡：

$$R = R_0 K_S K_W K_\varphi = 1.0372 \times e^{-0.057m} \times K_S \times e^{0.1783v\cos(\theta+90°)} \tag{3-28}$$

右平坡：

$$R = R_0 K_S K_W K_\varphi = 1.0372 \times e^{-0.057m} \times K_S \times e^{0.1783v\cos(\theta-90°)} \tag{3-29}$$

考虑风的方向：

$$R = R_0 K_S K_W K_\varphi = 1.0372 \times e^{-0.057m} \times K_S \times e^{0.1783v} \times 0.6172 e^{0.0805w} \tag{3-30}$$

该模型的提出者为了验证模型精度，以于良成等人在铁岭、开原以及桓仁所做的点火实验所得数据为林火蔓延的实测值[30]，并将其与此次改进模型的计算值进行比对，比对后发现，改进后的林火蔓延速度模型比改进前的计算值更接近实测值。

林火蔓延的初始蔓延速度对于林火行为的预测，是一个非常重要的因素。而影响初始蔓延速度的因素有很多，该模型对可燃物湿度对初始蔓延速度的影响方面提出了改进，模型相关系数达到 0.9201，说明可燃物湿度对林火初始蔓延速度的影响很大，可以作为预估初始蔓延速度的一个重要因素。坡度和坡向也是影响林火蔓延速度和方向的重要因素，即地形与风因素相结合下可以得到多种不同的情况，不能仅仅局限于几个方向的研究，要理论联系实际，从实验中总结经验，这对于林火蔓延行为的研究有重要意义。

总而言之，以上所介绍的林火蔓延改进模型，使初始蔓延速度的计算和坡度修正系数的计算更加准确快速，从而使林火蔓延速度的预估结果也更加准确，对于做好森林灭火决策，最大限度地减少森林火灾造成的损失，具有重要的作用。

### 3.4.3　基于栅格结构的林火蔓延模型与模拟

前文介绍了王正非与毛贤敏的组合模型，它是基于林火燃烧特征的模型，其参数较少，且考虑了地形与风向的组合。通过对火场的可燃物类型、地形、气象等因子进行综合分析，并结合王正非与毛贤敏的组合模型建立改进模型，用 Visual Basic 6.0 开发程序进行蔓延趋势的预测，从而实现林火的动态模拟。具体方法如下：

首先是收集数据。利用地理信息系统（GIS）软件输入 1：1 万的地形图并将其矢量化，生成栅格数据后作为地形数据。另外，林相图也用同样的方法生成相应的可燃物信息。所采用的气象数据由调查区的气象部门提供。每一个栅格所包含的属性都是多维的，包括高程、坡度、河流、道路和可燃物类型，同时，过火时间、蔓延方向等火行为参数也以栅格形式存储。所有栅格使用同一精度，这样才能保证数据使用的正确性。栅格的分辨率越小，模拟的精度越高。应用 ArcView 软件生成数字高程模型作为蔓延的底图，并将各数据文件导出，根据模型计算出速度图，蔓延过程由 Visual Basic 6.0 编程实现[31]。（ArcView 是美国 ESRI（环境系统研究所）的 GIS 产品，ESRI 是地理信息系统业界的巨子，其发展基本上代表了国际地理信息系统技术的最前沿水平，ESRI 另一与 ArcView 相媲美的 GIS 产品即著名的 Arc/Info，它们都以技术可靠、算法先进、实用性强而著称于世。相对于 ArcView，Arc/Info 更适于解决更复杂、更专业化的空间分析问题，ArcView 是新一代桌面地理信息系统的代表，具有方便、灵活、操作简单、通用性强的特点，特别适用于地理信息系统应用的普及和对传统信息系统的 GIS 化。）

火蔓延过程基于栅格数据，采用点到点的传播方式，假设一火点 $M_0(i, j)$ 向周围蔓延，其相邻点为 $M_1$, $M_2$, $\cdots$, $M_8$；$t_1$, $t_2$, $\cdots$, $t_8$ 分别是 $M_0$ 烧到邻近点所需的时间，时间的计算可由蔓延模型获得。可以看出，两点之间的路径有多条，如从 $M_0$ 到 $M_2$ 可以直达，也可以通过 $M_1$ 再到达 $M_2$，林火蔓延倾向于时间较短的路径。

算法方面有多个选择，这里介绍三种基于栅格数据的算法：

（1）边界插值算法。边界插值算法是基于栅格数据的，它对于火场边界的计算是通过插值的方法形成的。它只计算从初始火点出发的八个方向，森林起火后，火源点向八个方向蔓延，八个方向分别为正东、正南、正西、正北和东南、东北、西南、西北。设火点的位置为行列号 $(i_0, j_0)$，各方向上只计算从火源点出发的该方向上的栅格，其余栅格不计算。给定林火模拟的时间，各方向上计算至时间大于等于该值为止，记录下各方向的栅格行列号，再将其反映到具体地形上，即可得到火场状况的直观表示。再依据这八个终结点进行插值运算，形成封闭的火场边界。

（2）边界外延算法。边界外延算法是从火蔓延所具备的两个特性出发来考虑其算法的，在假设没有二次燃烧等的情况下，林火表现为从已燃区向未燃区延烧的性质，它反映在林火在地理位置上的变化和时间的延续上，林火燃烧的路径总是遵循在诸多可到达的路径中选择最快到达的那一条，因此它的路径并不一定是空间上的最短路径。

边界外延算法也是基于栅格数据的蔓延算法的，实施此算法的步骤是：记录每次加入一新的起燃栅格后形成的林火边界，在可蔓延边界相邻栅格集合中，搜索其各方向上所需时间最短的栅格，并以此栅格作为下一个引燃栅格；对此栅格进行林火边界的判断，同时对由该栅格的加入所导致的原有边界集合的变动作调整，然后进入下一步循环，直至满足模拟时间为止。

（3）迷宫算法。这种算法需要解决针对每一个像元计算其最短路径的问题，它的运算量也是非常大的。在此引用树和最小生成树的概念，就是希望得到当以火点为树根，对预测时间加以限制，将从一点到另一点燃烧所需的时间作为权重而产生的若干最小生成树的集合。

边界插值算法不考虑蔓延过程中每个起燃栅格向八个邻格蔓延的可能，因而计算是较简单的，但是该算法人为地简化了林火蔓延的复杂性，对于大范围的地形变化较复杂的地区，该林火蔓延算法就较粗糙了。边界外延算法计算量大，主要体现在排序、查找方面，可以通过减少这方面的计算量而达到提高速度的目的。边界外延算法与迷宫算法的结果是完全一样的。但从编程的角度看，迷宫算法较易实现，而且速度不是很慢，所以在这里采用了迷宫算法。

采用迷宫算法，即每个点向外扩散有 8 个方向的选择，在计算林火蔓延路径时，应从起火点正东向开始，沿顺时针方向进行检测，每探测到某一方向，计算累积时间 $\sum t$，若 $\sum t$ 小于给定的扩展蔓延时间 $t$ 定值，且该方位没有走过或是原先累积时间大于 $\sum t$，就沿此方向走一步，并记下所走的路径和方位，存放在数组中，同时将累积时间修改为 $\sum t$。如果探测到某一方位四周的 $\sum t$ 值均大于或等于 $t$ 定值，则退回一步，重新检测下一个方位，累积时间用二维数组存放，初值设为 0。起火点周围 8 个方向检测完之后，形成一个火场，将其边界每点作为下一轮燃烧的起火点，再依照上述方法进行计算。每一次循环都会形成新的火场范围，当某一火场外围的每个火点的积累时间 $\sum t$ 均大于或等于 $t$ 定值时，则蔓延过程结束。此时存放在数组中的所有点集就是满足条件的像元集合，反映在图像中就是模拟的火场。

应用该方法通过对某一案例进行分析，来展示基于栅格数据的林火蔓延模拟的全过程。

案例概况：在云南省玉溪市（位于滇中南部）春和镇黄草坝村。玉溪地处东经 102°17′~102°41′，北纬 24°08′~24°32′，最高海拔 2614 m，最低海拔 1530 m，年降水量为 900 mm，无霜期 250 d，平均气温 15.8 ℃，干湿季明显，属季风气候。植被以草类-云南松林为主，伴有栎类灌木。

建立数据库：试验区背景数据的基本资料有 1：5 万的地形图（图幅号为

7-48-121-丁）、林相图以及各类调查统计资料，由此基本资料产生背景数据库中的数据。

　　从 1∶5 万地形图上清绘所在区域等高线、水系等要素并对其进行扫描矢量化，本书采用的地形图矢量化软件是 Titan Scanin，它是加拿大 Titan 公司的产品。地图扫描输入时，由于机械等原因产生的微小拉伸、压缩及旋转变形等，都将带来数据误差，在进行图形叠加、图形拼接等地理信息系统操作时，都需要进行地形图的校正。控制点的选取有多种方式，一般不少于 4 个，且选取是多次进行的，以求得较小的误差。本书在把地形图扫描入计算机并矢量化后，在扫描的图像上进行校正。控制点取公里网格上的交点及山峰顶点，共取了 8 个点。

　　对于清绘后的等高线，要进行高程的录入，目前主要采用手扶跟踪数字化方式和通过扫描并矢量化后手工录入的方式。这两种方式的选择依据为地形图等高线的密集程度和目前所具备的条件，本书选择第二种方式。处理好后的图层就可在系统中转成后续处理所需要的基于矢量数据结构的 ArcView 所接受的 shp 格式。

　　对所在地的林相图清绘出以森林小班为单位的图斑并对其进行扫描矢量化，对林相图的矢量化采用的是中国林业科学院的地理信息系统软件 ViewGIS，它的功能较为完善，在将林相图矢量化前应进行图像的校正，这与 Titan 是相反的。形成的图层可以用 ARC/INFO 的 e00 格式存储，然后转成 ArcView 所需要的 shp 格式。每个图斑均按树种、龄级等因子进行统一编码、存储，需要时可形成各类林相专题图。林相图属性数据库的完整输入采用了黄草坝村的森林分类区划小班的实地调查记录。

　　在 ArcView 中把所有的矢量图形都转为栅格图像，像元大小为 17 m×17 m，图幅范围大小为 448 行×407 列。等高线可用 ArcView 的 3D 扩展模块生成数字地形高程模型，并得出坡度坡向图。

　　形成速度图：在进行蔓延计算前，需要先形成速度图文件，在对火行为的研究中，最基本的就是火的蔓延速度，因为有了它才能计算出林火强度、火场范围等其他火特征值。通过速度文件，可以直观地得到可燃物的蔓延速度情况，在实施模拟林火行为的过程中也可以提高运算速度，有利于防火人员预先对其所管理的防火区在各种条件下的林火发生时的火的发展状况有一个定性的了解，这样在实际林火扑救指挥当中就能更加有的放矢。形成速度图具体来说是对模拟底图，如 DEM 图或林相图，逐点进行处理，通过栅格的行列号得到该点的属性值，如植被类型、可燃物配置、高程、坡度坡向等信息，然后根据所选模型并考虑实时参数，如发生火灾时的风向、风速等信息，计算出该点的林火蔓延速度，并将此速度值赋给该点。这样形成的点集合在蔓延模拟中可用作中间调用数据，称为速度图。各栅格的属性由 ArcView 导出文件导出，速度图的生成由 Visual Basic 编程实现[32]。

　　蔓延结果分析：根据对现地的调查，本书采用了 2001 年 4 月 6 日发生在云南省玉溪市春和镇黄草坝村的一场火灾资料的现时数据。

　　云南松是一种易燃树种，其起火概率大，且一旦着火，火的蔓延速度较快。初始蔓延速度的确定采用王正非先生在西南地区对云南松林所做的林火实验 2 所得到的结果，取 $R_0 = 0.5$ m/min，风速度为 5 m/s。火点的笛卡尔直角坐标为（18236343 m，2707164 m），火点位置位于南北走向山的西坡位置。无风情况下的林火蔓延模拟如图 3-4 所示，1 h 后的火场燃烧面积约为 30 hm²，火场边界长约为 3845 m；有风情况下的林火蔓延模拟如图 3-5 所示，1 h 后的火场燃烧面积约为 164.6 hm²，火场边界长约为 15281 m，这说明风速对林火蔓延的影响是非常大的。火场扩展后形成的火场状况图是火灾损失评估的重要数据来源，它能提供蔓延时间范围内的火烧面积、周边长等信息。

图 3-4　无风林火蔓延模拟情况　　　　　图 3-5　有风林火蔓延模拟情况

　　图 3-4 和图 3-5 反映了以地形为背景的火场扩展状况图，当想知道火烧所涉及的林班和小班等的情况时，可以在系统中选择栅格林相图作为背景图。将其与系统中的林相图进行比较，发现主要烧的是 12 林班和 13 林班的部分林地。在火环境基本相同的情况下，火点的位置对于火的蔓延也有着举足轻重的作用，火点的位置往往是较难确定的，因此在蔓延模拟中，对于火点的位置除了采用默认值外，还允许自己设置起火点，这样可对不同燃点的火场的蔓延损失情况做一个定性的了解。当把火点设在陡坡时，可以得到如图 3-6 和图 3-7 所示的蔓延结果。

　　在林火蔓延模拟时，所选陡坡火点位置的平面直角坐标为（18236973 m，2707522 m），它在山的东坡位置，无风的情况下的火烧面积达 48 hm²，火场周边长约为 6466 m，有风情况下的火烧面积达 253.6 hm²，火场周边长约为 17119 m。经多次模拟点烧实验发现，对于火点在陡坡的火蔓延，无论是在无风还是在有风情况下，火场的扩展范围相对都大一些，而无论火点是在陡坡还是在缓部，风速对蔓延速度和范围的影响都很大。从扑救的角度考虑，准确地确定火点位置就显得很重要了，"打早、打小、打了"是林火扑救的原则之一。如果火点发生在缓坡，则可以考虑从火头打起，开设防火线，尽早扑灭；如果火点发生在陡坡，火头扑火的危险大，则考虑从两侧包抄扑火。综上所述，对林火蔓延进行模拟是一个很好的工具，可以帮助我们更好地应对森林火灾，并尽可能地减少火灾造成的损失。

图 3-6 陡坡无风林火蔓延模拟情况　　　图 3-7 陡坡有风林火蔓延模拟情况

### 3.4.4 树冠火林火蔓延改进模型

近年来，各地林火火灾高发，山东威海、四川凉山、山西沁源等陆续发生的森林火灾都造成了重大损失，变化多端的林火蔓延尤其给火灾预防和扑救带来巨大的困难。而在这些森林火灾中，树冠火蔓延对森林的摧毁性最大，不仅会烧毁针叶、树枝和地被物等，而且燃烧产热量大、蔓延速度飞快，难以扑灭。因此，研究树冠火的发生条件和蔓延规律，并对树冠火的生长转换过程进行实时仿真，有着重要的学术价值和现实意义。

本节介绍一种改进的树冠火生长蔓延模型，通过引入脉动风场丰富火焰细节，提高火焰蔓延的真实性。并且应用能量守恒定律，建立树冠火随温度场动态变化模型，增加树冠火转换过程的精确度。最后，运用 Huygens 原理和纹理映射技术对火焰蔓延进行进一步优化仿真，保证实时性[33]。

改进模型是基于传统的树冠火蔓延模型 Wagner 提出的树冠火模型而建立的，该传统模型主要考虑了树木自身因素对火焰蔓延过程及火焰运动的影响，包括树叶的含水率 $M$ 和林木枝下高 $H$，计算公式如下：

$$I_0 = [\,0.01H \times (460 + 25.9M)\,]^{1.5} \tag{3-31}$$

$$I_b = \frac{I^R}{60} \times \frac{12.6R}{\sigma} \tag{3-32}$$

式中，$I_0$ 为树冠火发生临界状态时地表火蔓延的火焰强度阈值；$I_b$ 为地表火蔓延时的火焰强度；$I^R$ 为地表火蔓延的反应强度；$R$ 为地表火火焰蔓延速率值；$\sigma$ 为蔓延时可燃物的表面积与体积的比。

在上述传统的树冠火蔓延模型中，没有考虑外力项因素对蔓延过程及火焰运动的影响，难以用于复杂条件下火焰蔓延的模拟。在真实环境中，火焰蔓延会受到风力、地形等外部因素的影响。其中，风速作为主要影响因子，其对火焰蔓延的影响远超其他因素。因此，本书引入脉动风场重新计算火焰强度，对传统树冠火生长蔓延模型进行改进，以增加火焰的细节，提高火焰蔓延模拟的真实性。改进后计算公式为：

$$I_0 = [\,0.01H \times (460 + 25.9M)\,]^{1.5} \times 14.2e^{0.1547v} \tag{3-33}$$

式中，$v$ 为脉动风速。火焰的蔓延会受到风场的影响，将脉动风场看作是一个典型的非完全均匀时空随机场。设 $m$ 个点空间相关脉动风速时程列向量的模型（autoregressive model）可表示为：

$$v = -k = 1p\,\psi_K v(t - K\Delta_t) + N(t) \tag{3-34}$$

式中，$p$ 为 AR 模型的阶数值；$\Delta_t$ 为模拟风速时间步长；$\psi_K$ 为 AR 模型的自回归系数矩阵；$v(t - K\Delta_t)$ 为 $t$ 时刻之前 $K$ 个时刻的脉动风速；$N(t)$ 为独立随机过程向量，$N(t) = L \cdot n(t)$，$n(t)$ 是正态随机过程，$L$ 为 $m$ 阶下三角矩阵。

将速度的表达式代入式（3-31）中，得到火焰强度值，通过引入脉动风场改进火焰强度的计算，增加火焰的细节，提高火焰运动真实性。

树冠火随温度场动态变化过程：在火焰蔓延过程中，当地表火蔓延火焰强度 $I_b$ 大于阈值 $I_0$ 时，就会引发地表火向树冠火的转换；反之，当 $I_b$ 小于或等于 $I_0$ 时，表示地表火不会向树冠火发生转换。

为了提高模拟的准确性，从任一时刻温度变化状态出发，应用能量守恒定律，建立树冠火随温度场动态变化生长过程。结合 Wagner 提出的树冠火生长蔓延模型，得到火的蔓延速度计算式：

$$R = R_0 + \alpha T \tag{3-35}$$

式中，$R_0$ 为火的初始蔓延速度；$T$ 为温度；$\alpha$ 为比例系数，取值为 0.05。

由能量守恒定律推导出温度场随时间变化的微分方程表达式：

$$\rho c_p \frac{\partial T}{\partial t} = \lambda \left( \frac{\partial^2 T}{\partial x^2} + \frac{\partial^2 T}{\partial y^2} + \frac{\partial^2 T}{\partial z^2} \right) + \frac{\partial L}{\partial t} \tag{3-36}$$

式中，$T$ 为火场温度；$t$ 为火焰蔓延时间；$\rho$ 为火源密度；$c_p$ 为比热；$\lambda$ 为导热系数；$L$ 为潜热。为简化计算，忽略潜热的计算项，即温度场的表达式为：

$$\rho c_p \frac{\partial T}{\partial t} = \lambda \left( \frac{\partial^2 T}{\partial x^2} + \frac{\partial^2 T}{\partial y^2} + \frac{\partial^2 T}{\partial z^2} \right) \qquad (3\text{-}37)$$

使用 Jacobi 迭代求解出每一时刻的 $T$ 值，并将其代入式（3-35）中，得到火焰蔓延的速度 $R$。通过引入温度场动态变化函数改进火焰蔓延速度的计算，使树冠火生长过程更加准确。

最后，为了使树冠火生长蔓延更具有真实感和实时性，本书采用基于 Huygens 的波动传播模型对火焰蔓延区域进行实时仿真，原理是通过计算火场边界上每一个点的过火区形状来描述火场边界，过火区由随时间动态变化的连续扩展多边形表示，为保证实时性，满足精度要求，将选择多边形的一点设置为一个独立的初始着火点，本书将多边形顶点的数量控制在 1～624 个。计算过程中，在一定时间间隔内参数值设置是近似不变的，火场边界是通过这些着火点依次引燃邻近未燃区来完成蔓延的。

根据 Huygens 波动传播原理进行蔓延区域的实时仿真，可分三步进行：首先，选取一个着火点，蔓延形成一系列着火点。然后，应用连续扩展的多边形顶点判别的算法，计算逐个着火点的位置关系，定义三点 $P_1(x_1, \ y_1)$，$P_2(x_2, \ y_2)$，$P_3(x_3, y_3)$ 的坐标，其行列式形式如下：

$$\det(P_1, P_2, P_3) = \begin{vmatrix} x_1 & y_1 & 1 \\ x_2 & y_2 & 1 \\ x_3 & y_3 & 1 \end{vmatrix} \qquad (3\text{-}38)$$

最后，设图 3-8 中各个连续的顶点为 $P_1$，$P_2$，$P_3$，$\cdots$，$P_i$，利用行列式结果的正负值判断着火点向量的位置关系。重复上述过程可以建立多个着火区域，通过实验可证明基于 Huygens 原理的仿真可以优化火焰蔓延过程，保证实时性和计算精确性，使蔓延过程更加真实。

烧焦纹理仿真：基于物理的烧焦效果虽然真实，但实时性差。在该模型的研究中，采用设定燃料类型的方法，通过模拟过火前后地表形态的变化，可获得较为真实且实时的烧焦效果。被燃烧纹理是主要燃料，对于每个被燃烧纹理，在操作面板中设定其对应的燃料值，如果纹理不易燃，

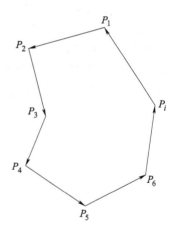

图 3-8 多边形顶点示意图

则唯一需要设定的变量是"纹理 ID"，它是纹理顺序中纹理的数组索引：0～$n$，设定不同的烧焦标记纹理，将表示随时间变化的不同的烧焦程度。由研究的实验结果可知，使用纹理映射技术可以模拟不同的烧焦程度，并且在树冠火生长蔓延实时仿真中依然可以保持很高的帧率。

但是该模型的适用范围还存在一定问题，没有考虑不同可燃物以及更加多变的环境因子下火焰的蔓延情况，场景过大时系统的运算速率偏低，这些将是未来工作的重点。

### 3.4.5　基于渗透理论的林火蔓延模型

渗透理论模型是由 Broadbent 和 Hammersley 两位学者最先提出的，用来仿真浸入水中的石头的渗透过程。因为渗透理论特别适合于无序介质的建模，所以现已在森林火灾蔓延，石油开采，无序介质的电特性、聚合和凝胶过程，流行病学等领域有了一定应用。后来，又有人通过对异构可燃物表面的林火实验进行研究，探明了渗透理论在林火蔓延模拟领域的应用前景，讨论了林火的统计属性，特别研究了林火蔓延动力学与简单的入侵模型间的关系。结果表明，在边界上被烧毁的簇行为与渗透簇相似，动态渗透模型能够描述林火的演变行为，并能够改善林火的控制策略。在此基础上，李光辉等通过分析渗透理论的基本原理，提出了一种基于渗透理论的林火蔓延模型以及相应的仿真算法[34]。仿真实验结果也表明，该模型较好地反映了林火蔓延的物理规律，对森林防火演练和林火扑救工作有一定的指导意义。并且与之前的算法相比，本书提出的仿真算法降低了计算的复杂度，使算法效率有了较大提高。

首先介绍渗透理论的基本概念。考虑如图 3-9（a）所示的正方形网格，称带有黑点标记的正方形为开状态，没有黑点标记的正方形为闭状态。每个正方形既可能是开状态（概率为 $P$），也可能是闭状态（概率为 1-$P$）。此外，称两个具有公共边的正方形为最近邻居，并称仅具有唯一公共顶点的两个正方形为次近邻居。由处于开状态的所有相互连通的邻居组成一个簇，如图 3-9（b）所示。显然，当概率 $P$ 增大时，将会形成更大的簇。如果存在一个簇，使得网格的底部和顶部以及左边和右边都能连通，那么称这个簇为渗透簇。渗透现象很容易推广到

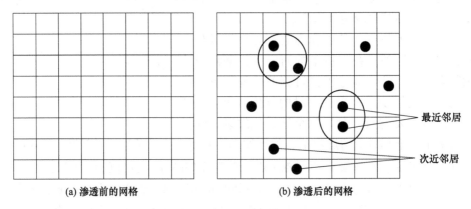

　　　（a）渗透前的网格　　　　　　　　（b）渗透后的网格

图 3-9　二维渗透模型

更高维空间，此时渗透簇的概念与前述相同。渗透模型实质上反映了系统的连通性是怎样影响它的行为的。当网格无限大时，渗透簇同样是无限大的。渗透理论中最重要且有趣的问题是，存在一个阈值概率 $P_C$，使得当 $P < P_C$ 时，网格中的所有簇都是有限的；而当 $P > P_C$ 时，网格中存在一个无限大的渗透簇。

渗透理论是统计物理学中的核心问题之一。渗透阈值概率 $P_C$ 扮演了一个重要角色，当网格单元处于开状态的概率超过 $P_C$ 时，系统的行为（性质）发生变化，这就是物理学中所称的相变现象（phase transition）。因此，在渗透理论被提出之后，渗透阈值概率 $P_C$ 的计算引起了许多学者的兴趣。

对于一维的情形，考虑一条无限长的链，其中分布一些等距离的点。假设每个点以概率 $P$ 随机地被占据（开状态），由连续相邻的被占据点组成的集合构成一个簇。显然，两个簇之间至少要相隔一个空点（没被占据，即闭状态），因此，一个点成为包含 $S$ 个被占据点的簇的成员的概率为：

$$Sn_S = SP^S(1 - P)^2 \tag{3-39}$$

当 $P < 1$ 时，一维链上必然存在一个空点。此时，不可能存在连通整条链的簇。因此，对于一维情形，渗透阈值概率只能为 $P_C = 1$。

对于超过一维的网格，必然存在一个渗透阈值 $P_C < 1$。实际上，对于某些二维网格，可以通过理论推导出渗透阈值概率的准确解。例如，对于 Bethe 网格或者 Cayley 树，阈值概率为：

$$P_C = \frac{1}{z - 1} \tag{3-40}$$

式中，$z$ 为网格中非叶子节点的分枝数。然而，对于绝大多数网格，求解渗透阈值概率的主流方法是数值计算。针对二维正方形网格，Newman 利用蒙特卡洛方法求得渗透阈值概率约为 0.592746。

接下来对基于该理论的林火蔓延模型进行具体介绍。本书使用最简单的二维正方形网格表示森林，其中每个正方形可能有一棵树（开状态），也可能没有（闭状态）。不难看出，对于森林网格来说，开状态的概率 $P$ 实际上代表了森林的分布密度，因此也称为密度概率。每个正方形只能是以下三种状态之一：

（1）有一棵树，但没有燃烧；

（2）有一棵树，而且正在燃烧；

（3）没有树（已经燃烧完或者本来就没有树）。

为了使用渗透理论模拟林火蔓延过程，假设：

（1）每个正方形中的树都是随机分布的，也就是说与邻居的树木的分布状态无关；

（2）森林中的起火位置可以设置，也可以随机选择；

（3）如果森林在 $t_0$ 时刻被点燃，那么在 $t_{n-1}$ 时刻燃烧的每棵树，到 $t_n$ 时刻只能引燃它的所有最近邻居中没有燃烧的树，并将自己燃烧完毕，而次近邻居的树木则不会被引燃。这一过程将持续到森林中不存在正在燃烧的树为止。这里，$t_n$ 表示燃烧过程的第 $n$ 个时间步，$n=1$，2，3，…。

基于渗透模型的林火蔓延模拟算法：一旦某棵树燃烧起来，则将以某种概率蔓延到它的邻居树。这时邻居树的状态转换成"正在燃烧"，它有可能继续蔓延到自己的邻居树。可以利用迭代程序判断其他的树是否会被引燃。在现实世界中，林火蔓延概率的大小既取决于静态属性，也取决于动态属性。静态属性是指可燃物的类型、地面的高度和坡度等，动态属性是指环境温度、湿度、风速、风向等。在本书的林火蔓延模拟算法中，暂不考虑具体的可燃物、地形和气象等因素。整个算法包括森林的产生和林火蔓延两个过程。

（1）森林的产生。对于给定的密度概率 $P$，网格中的任一正方形是否有树按以下步骤确定：

1）产生一个随机数 $r$；

2）比较 $r$ 和 $P$。如果 $r<P$，则在该正方形产生一棵树；否则，该正方形没有树。

（2）林火蔓延过程的模拟。不失一般性，假设森林的初始起火位置为网格的最左边一列（第一列），使用堆栈存储标记为"正在燃烧的单元"。模拟算法步骤如下：

1）对森林网格进行初始化：对于第 1 列正方形单元，如果有树，则标记为"正在燃烧"，并压入堆栈，反之，则标记为"尚未燃烧"；标记其他各列的正方形单元为"尚未燃烧"；燃烧时间步数 $t=0$。

2）蔓延过程的模拟：

While（存在"正在燃烧"的树）｛

　　　$t=t+1$

　　　出栈操作（遍历堆栈中的每个正方形单元）；

　　　｛

　　　　　检查单元（$i$，$j$）前、后、左、右的最近邻居是否存在"尚未燃烧"的树，如果存在，则将其标记为"点燃"；

　　　　　将单元（$i$，$j$）标记为"燃烧完毕"；

　　　｝

　　　　　更新堆栈；将所有标记为"点燃"的单元格设置为"正在燃烧"，并压入堆栈；

　　　｝

林火蔓延模拟算法的复杂性分析：张光辉等提出的林火蔓延模型与前人渗透理论研究的基本思想一致，但在模拟算法上有很大改进。在传统的算法中，在每个时间步，算法都要从第 1 列开始遍历每列中的所有正方形单元。对于 $n×n$ 的森林网格，假设总的时间步数为 $k$，那么所需处理的单元数为 $kn^2$。故 Borlawsky 算法的时间复杂度为 $O(n^2)$。事实上，因为每个时间步，每一棵正在燃烧的树只能蔓延到它的最近邻居。当第 $i$ 列的单元中有树燃烧时，最多第 $i+1$ 列中单元的树被点燃。因此，当 Borlawsky 算法在每个时间步内遍历整个网格时，需要处理许多不必要的单元。

而通过张光辉提出的算法，使用堆栈来存储每个时间步被点燃的单元，并在下一时间步更新堆栈中的元素。在每个时间步内只需处理堆栈中的单元，而不要循环遍历整个网格，算法效率将得到很大提高。对于 $n×n$ 的森林网格，因为堆栈中的单元数不超过 $4n$，假设总的时间步数为 $k$，那么算法需要处理的单元个数不超过 $4kn$，所以本书算法的时间复杂度为 $O(n)$。

实验验证与结果分析：为了比较清楚地显示森林分布情况和林火蔓延的动态过程，首先选取森林网格为 20×20 矩阵。在三种森林密度概率 $P=0.5$、$P=0.6$ 和 $P=0.7$ 情形下，分别模拟森林的分布情况和火势蔓延情况，并计算各种密度概率下的燃烧时间（时间步数）。实验结果分别如图 3-10、图 3-11 和图 3-12 所示，其中，左图表示燃烧前的森林分布情况，右图表示燃烧后的结果；图中的绿色点表示该单元格有一棵树，红色点表示单元格中的树燃烧完毕，空白处表示单元格中没有树。

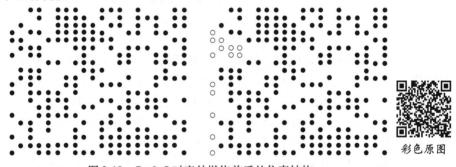

图 3-10　$P=0.5$ 时森林燃烧前后的仿真结构

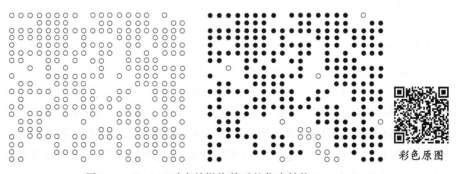

图 3-11　$P=0.6$ 时森林燃烧前后的仿真结构

　　从图 3-10 可以看出，当森林密度 $P = 0.5$ 时，由于树木分布比较稀，相邻的树木不太容易被引燃，故被引燃的树木比较少，整片森林的燃烧时间也比较短，计算所得的燃烧时间仅为 6 个时间步。

　　从图 3-11 可以发现，当森林密度概率 $P = 0.6$ 时，已接近存在渗透簇的概率阈值，被引燃的树木突然增多，整个森林的燃烧时间较长。此时的森林燃烧时间达到 40 时间步。

　　图 3-12 给出了 $P = 0.7$ 时的模拟结果。尽管整片森林几乎都被烧光，但森林燃烧时间为 34 个时间步，反而比 $P = 0.6$ 时小。事实上，由于森林的分布密度不断增大，网格的连通性更好（树木分布更密），相邻的树木更容易引燃，因而导致燃烧时间有所减少。

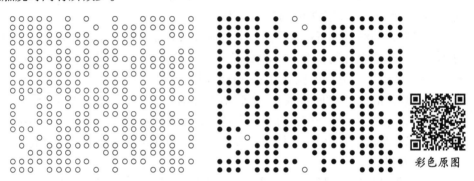

图 3-12　　$P = 0.7$ 时森林燃烧时前后的仿真结果

　　为了进一步反映渗透规律，分别选择 50×50、100×100 和 150×150 的三种森林网格，从 $P = 0$ 开始，取步长 $\delta = 0.1$，逐渐增大 $P$ 的值，直到 $P = 1$，模拟各种密度概率下的林火蔓延过程，并计算森林的燃烧时间。由于森林产生过程具有随机性，因此对每种网格，在各种密度概率下的林火蔓延过程各模拟 20 次，并计算 20 次模拟的平均燃烧时间。图 3-13 给出了各种密度概率下整片森林燃烧完毕所需的平均时间步数的拟合曲线。其中，横轴表示森林分布的密度概率 $P$，纵轴表示森林的平均燃烧时间步数 $t$。

　　从图 3-13 可以看出，对于三种网格，当 $P < 0.5$ 时，由于森林分布较稀疏，可燃物较少，因而整个燃烧过程持续时间不长。当 $P = 0.6$ 时，对于三种不同的网格，整片森林的平均燃烧时间步数都达到最大值，分别为 87.95、217.25 和 335.45。但当 $P > 0.6$ 时，森林的燃烧时间逐渐减少。事实上，由于树木的分布比较密，网格的连通性越来越好，渗透性能更强，林火很容易蔓延到邻居单元，导致整个燃烧时间呈现递减的趋势。取步长 $\delta = 0.05$，重新模拟各种密度概率下的林火蔓延过程，发现该情形下的时间变化曲线与上述时间变化曲线仍然大体相同。这说明 $P = 0.6$ 已逼近存在渗透簇的概率阈值（$P_C = 0.592746$），这一实验结

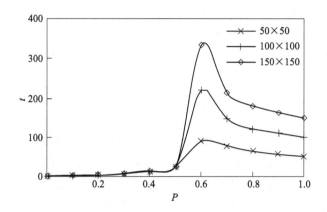

图 3-13 不同密度下的森林燃烧时间变化曲线

果与 Newman[35] 的结论基本吻合。

由上可知，渗透理论特别适合于无序介质的建模，本书提出了一种基于渗透理论的林火蔓延模型及其模拟算法，该模型能够较好地反映森林分布的随机性，以及森林分布密度对于林火破坏能力的影响；提出的模拟算法能够较直观地显示森林火灾的动态蔓延过程，对于森林防火演练与指挥以及森林资源管理都具有一定的指导意义。与以往同类算法相比，该算法的计算复杂度低，有效提高了计算效率。但是，由于该林火蔓延模型没有考虑可燃物、地形和气象等因素，因此与客观现实中的森林火灾发生、发展规律还有一定差距。

## 3.5 基于元胞自动机的林火蔓延改进模型

传统的林火蔓延模型多是根据统计规律或者物理规律建立的数学模型，不具备自组织机制。当系统复杂性急剧增加或者发生扰动时，求解微分方程或由计算数值近似确定变得非常困难。因此，这些数学模型对于复杂系统的模拟有一定的局限性。

由于山地火的复杂性，因此不可能用一个通用的数学模型对林火蔓延进行描述。而元胞自动机的出现可以弥补缺乏自组织的缺陷，并能更形象地描述林火蔓延[36]。

基于元胞自动机（cellular automaton，CA）的林火蔓延模型是一种离散事件模型，它将林地划分为许多离散的细胞或单元格，并根据一组规则来模拟火势的蔓延过程。每个单元格带代表林地上的一个位置，模型通过更新每个单元格的状态来模拟火势的扩散[37]。

下面是基于元胞自动机的林火蔓延模型的建设步骤：

（1）状态定义：每个单元格可以具有不同的状态，本书设置"未燃烧""部分燃烧""完全燃烧"和"结束燃烧"四个状态。初始时，根据实际情况将火源状态放置在一个或多个单元格上。

（2）邻近关系定义：定义每个单元格的邻近单元格。使用八邻域来表示上、下、左、右和对角线相邻的单元格。

（3）更新规则：根据邻近单元格的状态和其他环境因素，定义每个单元格的状态更新规则。这些规则包括对可燃物、气象和地形等因素的考虑。例如，当一个单元格处于燃烧状态时，周围的未燃烧单元格可能被点燃。

（4）迭代更新：通过迭代更新每个单元格的状态，模拟火势的蔓延过程。使用离散的时间步长来控制更新的频率，每次更新都要考虑当前单元格的状态和周围单元格的状态，按照定义的规则进行状态更新。

（5）边界条件处理：对于边界单元格，需要特别处理边界条件，以防止火势蔓延超出模拟范围。

下面具体介绍基于二维元胞自动机的林火蔓延改进模型。

元胞自动机最基本的组成单位包括元胞、状态、邻域和规则四个部分。目前的研究工作多集中在一维和二维元胞自动机上，本书采用二维元胞自动机，它类似一张二维的规则格网，其中的每个格网都是一个元胞，每一个元胞每一时刻都有自己的状态，元胞状态的转变要依靠转换规则，而转换规则就是利用该元胞及其邻域元胞的当前状态确定下一时刻该元胞状态的动力学函数，在模拟过程中根据转换规则动态迭代计算邻域的变化。下面是二维元胞自动机的工作原理。

在二维元胞自动机中，规则是定义在空间局部范围内的，即一个元胞下一时刻的状态决定于其本身状态和它的邻域元胞的状态。因而，在指定规则之前，必须定义一定的邻居，明确哪些元胞属于该元胞的邻居。本模型采用 Moore 型邻域。

在 Moore 型邻域中，一个元胞的上、下、左、右四个相邻元胞加上对角线方向上的四个次相邻元胞为该元胞的邻居。如图 3-14 所示，邻胞即与中心元胞 $(i, j)$ 有公共边的元胞，分别用 $(i-1, j)$，$(i+1, j)$，$(i, j-1)$，$(i, j+1)$ 表示。次邻元胞即位于对角线方向上的四个位置，分别用 $(i-1, j-1)$，$(i-1, j+1)$，$(i+1, j-1)$，$(i+1, j+1)$ 表示。

$t$ 时刻元胞 $(i, j)$ 的状态定义为：

$$A_{ij}^t = \frac{元胞(i,j) \text{ 来自 8 个方位的最大燃烧面积}}{\text{整个元胞}(i,j) \text{ 的面积}} \tag{3-41}$$

取值范围为：$0 \leq A_{ij}^t \leq 1$。如果 $A_{ij}^t = 0$，则表示在 $t$ 时刻元胞 $(i, j)$ 未燃烧；如果 $0 < A_{ij}^t < 1$，则表示在 $t$ 时刻元胞 $(i, j)$ 部分燃烧；如果 $A_{ij}^t = 1$，则表示在 $t$ 时刻元胞 $(i, j)$ 完全燃烧，本模型假设只有完全燃烧的元胞才会对邻域元胞进行火蔓延。

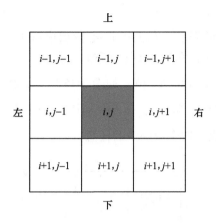

图 3-14 Moore 型邻胞

在此基础上，根据实际情况增加相应的状态表述。$A_{ij}^t = 1$ 后的 $t+1$ 时刻的元胞的状态可以设置为 2，表示该元胞已经燃烧结束，从 $t+1$ 时刻开始向周围的元胞蔓延。

影响林火蔓延速度的因素主要有可燃物类型、气象因素及地形因素。可燃物是林火燃烧的物质基础，气象因素主要考虑温度、湿度、风速和风向的影响，地形因素主要考虑林区的坡度影响。传统的林火蔓延速度数学模型正是由这些自然因素表达而成的定量关系式。本书使用王正非和毛贤敏林火蔓延速度模型的基本公式：

$$R = R_0 K_S K_W K_\varphi \tag{3-42}$$

在本章 3.3.1 节中详细介绍了该模型。

改进后的林火蔓延模型：首先假设在平坦、无风、均质的地面上，这时所有元胞的火蔓延速度都是一样的，结合王正非林火蔓延模型，得到火的初始蔓延速度回归式：

$$R_0 = 0.0299t + 0.047W + 0.009 \times (100 - h) - 0.304 \tag{3-43}$$

在元胞空间中 $K_\varphi$ 的表示：在元胞空间中，对于八个邻域元胞中的任何一个元胞 $(k, l)$，都有其各自相对于中心燃烧的元胞的 $K_\varphi$ 的值，也都有一个各自的坡度值 $\tan\varphi$。因此，邻域元胞 $(k, l)$ 相对于中心燃烧元胞 $(i, j)$ 的 $K_\varphi$ 可以表示为式（3-44）或式（3-45）。如果元胞 $(k, l)$ 是元胞 $(i, j)$ 的邻胞，就用式（3-44）；如果元胞 $(k, l)$ 是元胞 $(i, j)$ 的次邻胞，就用式（3-45）：

$$K_\varphi = e^{3.533(\tan\varphi)} = e^{3.5339(-1)^G \left| \frac{h}{a} \right|^{1.2}} \tag{3-44}$$

$$K_\varphi = e^{3.533(\tan\varphi)} = e^{3.5339(-1)^G \left| \frac{h}{\sqrt{2}a} \right|^{1.2}} \tag{3-45}$$

式中，$h$ 为邻域元胞 $(k, l)$ 和燃烧元胞 $(i, j)$ 中心位置的高度值，即假设在一个元胞内高度值都是相同的，等于元胞中心点的高度；$a$ 为元胞的边长大小；

$\sqrt{2}\,a$ 为元胞的对角线长度。

在元胞空间中 $K_W$ 的表示：在王正非-毛贤敏模型中，$K_W = e^{0.1783v}$，它表示了风方向上的 $K_W$ 与风速 $v$ 的关系。在元胞空间中共有八个方向的邻域元胞，因此需要推导出八个元胞所对应的 $K_W$ 值。如图 3-15 所示，$\overrightarrow{OA}$、$\overrightarrow{OB}$、$\overrightarrow{OC}$、$\overrightarrow{OD}$、$\overrightarrow{OE}$、$\overrightarrow{OF}$、$\overrightarrow{OG}$、$\overrightarrow{OH}$ 为中心燃烧元胞 $(i, j)$，向周围八个方向元胞蔓延的速度方向；$\overrightarrow{OV_1}$、$\overrightarrow{OV_2}$、$\overrightarrow{OV_3}$、$\overrightarrow{OV_4}$ 表示四个象限中的任意方向。

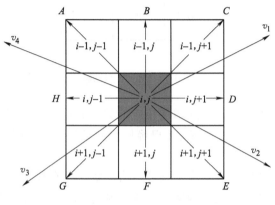

图 3-15　风的投影

由此可得到中心完全燃烧元胞向周围八个元胞的蔓延速度，如向左下角（$\overrightarrow{OG}$ 方向）元胞的蔓延速度可以表示为：

$$R_{i+1, j-1} = R_0 K_S K_W K_\varphi = R_0 K_S e^{0.1783v\cos(225° - \theta)} e^{3.5339(-1)^G \left|\frac{h}{\sqrt{2}a}\right| 1.2} \tag{3-46}$$

转换规则函数的确定：元胞 $(i, j)$ 在 $t+1$ 时刻的燃烧状态是由其邻域元胞在 $t$ 时刻向其蔓延的速度和元胞 $(i, j)$ 在 $t$ 时刻的燃烧状态共同决定的。$t$ 时刻未燃烧或者已经燃烧过的元胞的 $R_{k,j}^t = 0$，因此它们对 $t+1$ 时刻元胞 $(i, j)$ 的状态没有影响；只有完全燃烧的元胞才会有向各个方向蔓延的速度。比如，火从元胞左边的完全燃烧的邻胞 $(i, j-1)$ 蔓延到元胞 $(i, j)$，它对元胞 $(i, j)$ 的蔓延速度为 $R_{k,j}^t$，那么在 $\Delta t$ 时间内，由于邻胞 $(i, j-1)$ 的共线，元胞 $(i, j)$ 的燃烧面积为 $a R_{i,j-1}^t \cdot \Delta t$，燃烧面积比率为 $\dfrac{a R_{i,j-1}^t \cdot \Delta t}{a^2} = \dfrac{R_{i,j-1}^t \cdot \Delta t}{a}$。特别的，火从元胞左下角的完全燃烧的次邻胞 $(i+1, j-1)$ 蔓延到元胞 $(i, j)$ 情景，得到的燃烧面积比率为 $\dfrac{3.14 \times (R_{i, j-1}^t \cdot \Delta t)^2}{4a^2} = \dfrac{0.785 \times (R_{i, j-1}^t \cdot \Delta t)^2}{a^2}$，同理，如果另外六个元胞中也有完全燃烧的，则按照类似的方法计算其对元胞 $(i, j)$ 贡献的燃烧面积。

如果 $R^t_{I,J}$ 表示 $t$ 时刻火从元胞 $(I, J)$ 蔓延到元胞 $(i, j)$ 的速度，那么在 $\Delta t$ 时间后，更新元胞状态的转换规则函数可以表示为如下形式：

$$A^{t+1}_{i,j} = A^t_{i,j} +$$

$$\max\left( \frac{\max(R^t_{i-1,j}, R^t_{i,j-1}, R^t_{i+1,j}, R^t_{i,j+1}) \cdot \Delta t}{a}, \frac{0.785 \times (\max(R^t_{i-1,j-1}, R^t_{i-1,j+1}, R^t_{i+1,j+1}, R^t_{i+1,j-1}))^2 \cdot \Delta t^2}{a^2} \right)$$

如果 $A^{t+1}_{i,j}<1$，那么元胞 $(i, j)$ 中的燃料部分燃烧，元胞 $(i, j)$ 不会向其他周围的元胞进行火蔓延，即 $R^{t+1}_{i,j}=0$；如果 $A^{t+1}_{i,j}=1$，那么元胞完全燃烧，并开始向周围八个元胞进行火蔓延。对于时间步长 $\Delta t$ 的缺点，要求在一个时间步长内，火蔓延不会超过一个元胞的边长，一般地，小步长将提供更真实的结果[38]。除此之外，存在障碍物（河流、岩石、公路）的元胞的燃烧状态为 0，燃烧速度为 0。

下面以发生在中国西南林区的安宁"3·29"森林大火为例，对模型进行验证，所用数据参考文献《西南林区森林火灾火行为模拟模型评价》[39]。此案例中为简化计算，将不考虑坡度对燃烧速度的影响。

安宁"3·29"森林大火是于 2006 年 3 月 29 日 17:00 发生在安宁市温泉镇古朗箐的一场重特大森林火灾。该场林火过火面积大、持续时间长，其扑救难度和危险系数都实属罕见，集中反映了西南林区典型山地森林火灾的复杂多变性和危险性。"3·29"森林大火开始于 2006 年 3 月 29 日 17:00，于 4 月 7 日全部扑灭，历时 10 d，根据扑火队员每日 9:00 记录的扑救资料，勾画火场边界日变化范围。由于 3 月 30 日以后进入全面扑火阶段，林火蔓延范围不再是自然状态下的发展态势，因此本研究的林火蔓延计算进行到 3 月 30 日 9:00 为止。此时间段内的天气因素如表 3-1 所示。其中，火烧迹地的典型植被为云南油杉、云南松和栎类灌木。

表 3-1 "3·29"火灾模拟时间段气象数据

| 时刻 | 风速/m·s⁻¹ | 风向 |
| --- | --- | --- |
| 3 月 29 日 17:00～3 月 29 日 20:00 | 4.75 | 西 |
| 3 月 29 日 20:00～3 月 30 日 02:00 | 4.00 | 西 |
| 3 月 30 日 02:00～3 月 30 日 08:00 | 4.00 | 西南 |
| 3 月 30 日 08:00～3 月 30 日 09:00 | 3.34 | 西南 |

3 月 29 日 14:00 的气温为 23.4 ℃，湿度为 21%，风速为 10.00 m/s（风力 5 级），根据式（3-43）可得 $R_0$ 为 1.34 m/min。选取元胞边长 $a$ 为 $\frac{1}{6}$ km，$t$ 为 1 h，进行模型计算，计算出的蔓延过程如图 3-16 所示，图中红色区域为正在燃烧，灰色区域为燃烧结束。计算可得蔓延面积为 286.81 hm²（实际面积为 403.63 hm²），相对误差为 28.94%，计算结果表明，该研究所提出模型优于美国

和加拿大行业普遍使用的 Farsite 和 Prometheus 火行为模拟模型，其中，Farsite 中 Scott 可燃物模型的结果为 939.66 hm² （相对误差为 132.80%）、Anderson 可燃物模型的结果为 1089.19 hm² （相对误差为 169.85%），Prometheus 中 FBP 可燃物模型的结果为 1587.20 hm² （相对误差为 293.23%）。

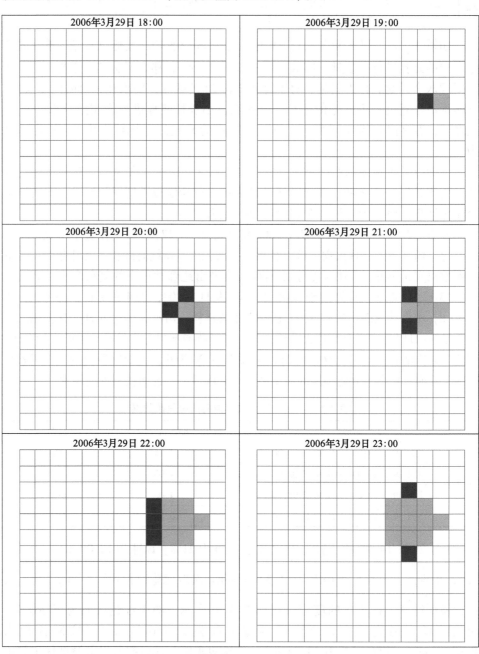

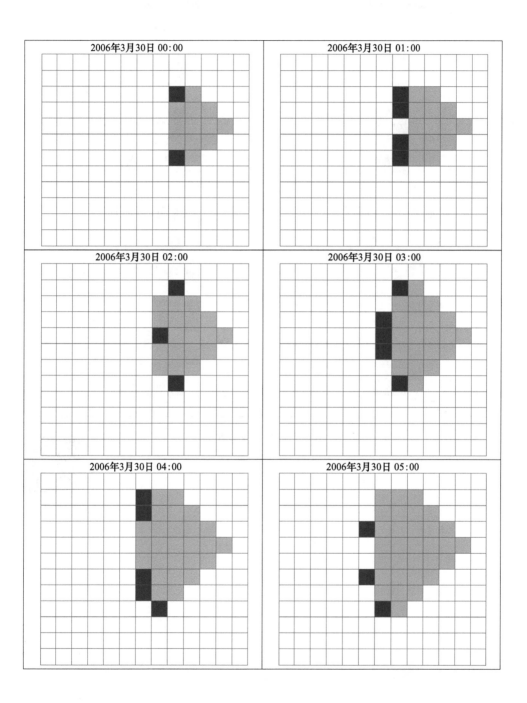

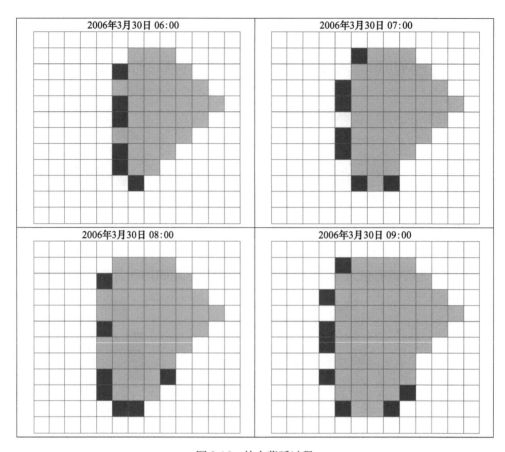

图 3-16　林火蔓延过程

彩色原图

# 4 基于机器学习算法的森林草原火灾预测模型

## 4.1 森林草原火灾预测模型研究概况

近年来，由于林火事件频发，各国及有关部门对林火事件给予了高度的重视，并对林火事件进行了大量的研究。西欧、北美等国家首先对林火进行了大规模的科研投入，并将多种现代科技应用于林火的研究中。而与欧美等发达国家相比，我国的林火预测与预报工作起步较晚，在借鉴欧美国家的林火预测方法与科研理论的基础上，形成了一套适合我国实际情况的林火预测方法，例如风速综合指标法等。改革开放之后，我国逐步建立森林火灾险情预报系统。近年来，我国学者对森林火灾的相关研究不断增多，如基于蚁群聚类算法的森林火灾预测的研究、运用人工神经网络的森林火灾成灾面积的研究、基于传感器数据融合的森林火灾监测、基于无线传感网络的森林火灾检测、基于图像处理的森林火灾检测技术、森林火险等级预测预报系统，以及森林火灾分布时空规律的研究等。

### 4.1.1 国外森林草原火灾预测模型

国外对林火预测的研究工作开展得较早。美国开发了国家火险等级系统（NFDRS），将气象、地形、可燃物等多种因素作为输入，基于燃烧原理和实验室试验建立物理模型，计算森林火险指标。但 NFDRS 的组成结构极为复杂，在实际应用中较难实施。加拿大开发了加拿大森林火险天气指数（FWI）系统。该系统从可燃物含水率平衡理论出发，将四种基本的气象观测数据作为输入，通过大量点火试验建立计算模型，经过一系列推导、计算，最终根据火险天气指标来进行火险预报。但其仅考虑气象因素对林火的影响，而忽略了可燃物和地形等因素的空间变化。韩国开发了韩国国家森林火险等级预报系统（KFFDRI），以韩国林火历史数据及同期气象数据和 126 次火灾现场调查数据为基础，综合反映气象因子、可燃物类型和地形特征等时空要素对森林火险等级的影响。但 KFFDRI 仅适用于韩国地区，不易推广。

从 1920 年开始，国内外就林火发生预测预报开展了大量的研究工作，特别是加拿大、澳大利亚、美国等受森林火灾危害较大的国家[40]。Ramachandran[41]将火点数据结合泊松回归模型，预测林火发生的概率并进行驱动因子的分析。随着林火研究工作的深入，预测性能更佳的逻辑斯蒂（Logistic，LR）回归模型得到国内外研究人员的青睐，并一直沿用至今。Chou 等[42]结合了多个林火驱动因素对美国圣贝纳迪诺国家森林的林火 LR 模型进行构造，同样取得了不错的效果。如今，LR 模型在林火预测应用中已经发展出 LR 广义线性模型、地理加权 LR 模型和 LR 广义相加模型等多种模型方法。Wright 等利用相对湿度对森林火灾预测进行了研究，通过研究发现，当空气湿度在 50% 以上时，极有可能发生森林火灾。Viegas 等[43]对当森林火灾发生时，降雨量与森林火灾成灾面积间的关系进行研究，发现每年 2 月份到 4 月份发生的森林火灾与降雨量之间关系不明显，这主要是因为这一时段可诱发森林火灾的气象因素较弱；而在 6 月份到 9 月份之间，降水量越高，森林火灾的发生概率越小。通过对实验进行分析，发现降雨量越大，森林环境的保水量越高，越不容易引发森林火灾。Gillett 等[44]运用统计学的相关办法，基于历史气候数据，建立了预测森林火灾过火面积的统计模型，并且有很高的精准度。Williams 等[45]通过对澳洲地区温室气体对气候的影响导致的森林火灾变化进行了研究，发现影响当地森林火灾的最主要气候因子是空气的相对湿度，一般情况下，相对湿度越小，越容易引发森林火灾。该研究成果为基于气象因子的森林火灾预测提供了理论依据。Fried 等[46]研究了二氧化碳浓度与风速对森林火灾的影响，研究结果表明，当二氧化碳浓度比一般情况多出一倍，温度和风速偏大时，会加剧森林火灾的燃烧程度，并且会促使火灾的发生间隙缩短。Flannigan 等[47]通过加拿大的森林火灾天气指标预测系统对森林火灾的火情状况进行了预测，这一系统是利用气象因子等数据计算森林环境中可燃物的水分保有量，估算可能发生的森林火灾严重程度。预测结果表明其精准度很高。近年来，随着计算机性能的进一步发展以及人工智能领域的突破，一些机器学习、深度学习的模型算法也逐渐被研究人员应用在林火预测的研究中。胡超等[48]利用神经网络结合气象气候因子，构建了森林火灾因子分析模型，并利用神经网络的高容错能力和其适应森林火灾随机性和复杂性的非线性特点，建立了森林火灾预测模型。Manuel 等[49]提出了一个新的智能混合系统的设计、开发和验证概念，利用机器学习算法建立通用风险等级，得到每个研究区域的火灾风险的全球风险矩阵，并通过区域本身的彩色地图生成这些结果的可视化表示。

### 4.1.2 国内森林草原火灾预测模型

我国对林火预测的研究起步较晚，且主要是在美国、加拿大等国家的成果的基础上，结合我国的实际情况进行的，如"801"森林火险天气预报系统等。目前我国用于林火监测的产品较多，但用于林火预测的系统较少。虽然我国已研制和发展出多种森林火险预报方法，但到目前为止还没有建立一套综合考虑气象、植被、地理以及人口分布等影响因素的国家级林火预测系统。

　　在国内，早期的林火预测预报研究，也是从一般线性回归模型开始起步的。同样，随着研究的深入，单一的线性回归模型不能满足国内复杂的林火发生因素。因此，泊松、LR 等广义线性模型被应用到国内的林火预测研究中。缪柏其等[50]应用泊松和 LR 模型，结合日气象数据进行了林火预测研究，研究发现，LR 和零膨胀泊松回归模型均满足林火预测的工作。蔡奇均等[51]结合气象、地形、植被等多种因子，应用 LR 模型对浙江省的林火发生预测工作及驱动因子进行了分析。张珍等[52]以不同气象因子为主要预测变量，基于 Logistic 回归和广义线性混合效应模型，建立了福建省林火发生预测模型，发现混合效应模型在数据拟合和林火发生预测方面均优于 Logistic 基础模型，证明了混合效应模型在林火预测方面的适用性。人工智能的普及，同样为国内的林火研究开辟了新的方法。孙立研等[53]应用深度学习对黑龙江大兴安岭塔河地区的林火预测工作进行了研究，深度学习在分析非线性数据上具有线性模型所不具备的优势，结果表明，在其研究区域内，深度学习模型对于林火的预测效果优于其他传统模型。梁慧玲等[54]也应用了随机森林模型对福建省林火的发生进行了预测和驱动因子分析，发现随机森林模型具有较高的林火预测性能。朱馨等[55]从森林火灾影响因子的选取、选择合适的火险预测模型以及模型检验方法三个主要方面进行了分析阐述，得出不同机器学习方法在森林火灾预测中的要求与优势，同时指出深度学习在森林火灾预测方面的准确性很高。白书华等[56]通过收集气象数据和森林火险等级数据，建立了神经网络林火预测模型，采用遗传算法、粒子群算法和粒子群遗传混合算法优化 BP 神经网络，并分别构建了相对应的网络模型。

### 4.1.3　森林火灾预测理论方法

　　很多学者都对林火预测的方法进行了研究，包括一些算法和回归模型等，Zwirglmaier 等提出了一个预测林火过火面积的贝叶斯网络模型。给定有关气象、地形、地表覆盖等变量，首先应用 PC 算法进行局部结构学习，选择与过火面积最相关的特征变量；然后基于这些特征变量，结合领域知识构建完整的贝叶斯网络模型；最后给定待测数据，计算过火面积。Cortez 和 Morais 基于 12 维的训练数据，分别将五种统计模型（多重回归、决策树、随机森林、神经网络和支持向量机），与四种不同的特征选择策略进行了结合，以预测林火的过火面积。其实验结果表明，仅使用四个基本的气象因子训练出的 SVM 模型，预测效果最佳[57]。Bisquert 等[58]将人工神经网络模型应用到林火预测问题中。基于训练数据，应用反向传播算法训练出三层感知器，并定义林火风险等级类别公式，将感知器的输出转换为林火风险等级。Chang 等[59]将逻辑回归模型应用于中国黑龙江省的林火预测。首先对黑龙江省林火的主要影响因子进行研究，然后基于空间数据建立逻辑回归模型，最后得到林火的概率地图。但其仅考虑了静态的空间数据，并未考虑动态的时间数据。Shi 等[60]基于共线性检验和前人研究成果，选取地形、气候、人类活动、植被等八个火驱动因子进行建模，应用粒子群优化算法来选择 RF 模型的最优参数，以增强模型性能，并利用优化的集成模型（PSO-RF）构建了安徽省九山国家森林公园的火险地图，填补了该地区森林火灾研究的空白。

# 4.2　森林火险监测技术手段

森林地表火具有多样性、紧急性、复杂性的特点，要想及时发现火源实属不易。现阶段国内外多采用瞭望塔、卫星遥感技术、无人机低空监测的手段进行森林地表火火源的监测。瞭望塔利用其自身的优势可以及时观察到火灾，继而向指挥中心汇报，为火灾的扑灭提供准确的信息。但近年来由于管理不到位等原因，致使瞭望塔维护不及时，严重影响了瞭望塔的正常使用，已经处于被抛弃的阶段。遥感卫星作为最近发展的高新技术，能够利用非接触式的方式获取被观测物体的发展趋势，特别适用于森林地表火的监测。在采用卫星遥感技术进行森林地表火监测时，卫星过境可以获取高分辨率遥感图像，掌握火灾的具体范围，具有宏观、快速的优势。卫星监测受天气阴晴、云层的厚度以及卫星自身轨道周期等因素的影响，不能够全天候准确地进行实时性监测。无人机中低空监测森林地表火具有灵活性、低成本性、操作简单性的优势，被国内外研究学者大范围使用。下面对各种森林火灾监测方法进行具体介绍。

## 4.2.1　地面、航空、瞭望塔监测

### 4.2.1.1　地面监测

地面监测，即组织人员观察火灾易发且瞭望台观察不到的地方，并负责对于火灾预防的宣传和教育。我国通常采用消防监督检查，对人员以及来往车辆进行监督。然而，这些方法有一个明显的缺点：巡逻区域小，人眼的视野狭窄、范围有限，难以准确确定火灾位置，往往会由于崎岖的地形地貌、茂密的森林而带来较大的误差。在偏远山区，由于交通工具不便，各种运输费用和工作人员的工资费用较高，不仅成本过高，且不能达到最好的效果，需要用视频监控的方法来辅助。到目前为止，这种地面巡护监测林火的办法仍在广泛应用，特别是对于居民点和火源较多的地区，以及在采取其他措施监测火情时遗漏的盲区来说很有必要。但目前多已改为骑摩托车或汽车载人（扑火队员）巡护，一旦发现火情便就地扑灭。从 20 世纪 80 年代开始就已研制出轻型的巡护车，用于携带扑火工具和扑火队员，可以深入森林腹地，对于林火的监测和及时扑救起到了很大作用。国外一些国家仍然保留着这一方式。地面巡护的主要任务如下：

（1）严格清查和控制非法入山人员；

（2）检查和监督来往行人是否遵守防火法令；

（3）检查野外生产和生活用火状况，进入森林防火期后要加大森防宣传和检查力度，大力查处野外违规用火，最大程度减少森林火灾的发生；

（4）严防有人蓄意放火破坏森林，做到消灭火灾隐患，控制人为火源，发现火情及时报告，并积极采取措施。

制订巡护计划主要有评估和制订两个步骤。

（1）评估。按照（可能点燃）风险、（燃烧可能造成）危害、（可能损失）价值和历史火灾发生等方面进行评估。考虑因素包括最近发生的火灾的问题、是否具有潜在发生火灾的可能性、引起燃烧的原因。

（2）制订。根据评估结果制订预防策略，制订计划中包含重点巡护区域、巡护时间安排、巡护人员设置、巡护材料及物资、巡护报告、巡护评估等。

地面巡护针对性强，护林人员可以在防火期或火灾敏感区域及时阻止人员进山，减少人为原因造成的火灾。但是这种监测方式需要花费大量的人力和时间，存在潜在疏漏。

### 4.2.1.2 航空监测

载人航空监测飞机主要有载人直升机和固定翼飞机，载人直升机所具有的定点悬停和起降场地要求较低的优势，使其成为航空监测的主力。当进行航空巡护时，也可以借助望远镜或者通过人工观测火情、定位着火点，从而指挥人员及物资运输，进行吊桶灭火。目前，我国林区使用直升机进行日常巡护，使用固定翼飞机进行火场监测。

航空护林在预防和扑救森林草原火灾中发挥着不可替代的重要作用，充分体现出"机动、灵活、快速、高效"的优势。载人航空监测可以及时准确地发现起火点，快速传递火情蔓延状况，并可以弥补地面瞭望台的盲区和死角，充分体现了空中移动瞭望台的作用，为实现"早发现、早扑救"赢得了宝贵的时间；还可以通过对火场实施空中观察，应用多媒体信息传输技术，快速准确、直观生动地提供火场态势，辅助火场救援队伍做出扑救火灾的科学部署。为了提高飞机探测林火的速度和精度，国外在飞机上安装了红外相机。红外热成像通过对热红外敏感相机对林木进行成像，是一种被动式的非接触检测与识别，能反映出温度场。它不受电磁干扰，作用距离远，探测能力强，能全天候工作。在大面积的森林中，火灾往往是由不明显的隐火引发的，用现有的常规方法很难发现森林草原火灾或火灾隐患。然而如果采用基于红外热成像仪的飞机巡逻，则可以快速有效地发现这些隐火，把火灾消灭在最初。近年来，面向机载平台的红外相机作为重要的探测器手段，已经广泛应用于森林草原火灾监测，从而实现快速定位隐火、昼夜连续工作和扩大观测范围。载人航空监测能及时准确地发现和传递火情，但其缺点是技术还不够发达、飞机数量少。比如适用于南方，特别是西南高海拔林区的大型直升机机源十分紧张，缺少适应高原、山区等特殊地理环境作业的大中型直升机，场站数量较少且布局不合理，相关的技术还不够先进等。经过 60 多年的发展，我国的航空护林已初具规模，但和发达国家相比，仍处于起步阶段，在飞机数量、航护范围和直接灭火能力等方面，尚不能满足森林防火工作的需要。

航空监测手段反应迅速，可实现有人机和无人机的定期和应急监测。通常情况下，有人机平台由于具有较低的起降场地要求，且有人直升机具有定点悬停的优势等，因此成为航空监测的主力。无人机平台则种类多样，包括多旋翼无人机、固定翼无人机和无人直升机等多种型号，其中多旋翼无人机具有载荷能力强，能搭载高性能可见光、红外和多光谱等吊舱等优点，已成为航空监测中的重要手段。航空监测手段所采集影像的分辨率与平台飞行高度和传感器自身属性有关。有人飞机能搭载的高性能吊舱（如多光谱）优于无人机能够搭载的多光谱吊舱（如可见光）和无人直升机能够搭载的高性能多光谱吊舱（如红外）。有人飞机载荷能力比无人机优越，能够搭载的高性能可见光、红外和多光谱等吊舱，搭载的传感器差别导致对地分辨率有所侧重。航空监测手段可用于定期监测和应急实时监测。航空监测周期与林区监测计划及天气状况有关。

航空监测手段具有机动灵活、可选平台多样、载荷可快速换装和升级、定位准确、监测范围和飞行高度可按需实施等优点。飞行平台在进行任务作业时，对林区地形、自然条件和天气状况有一定的要求；飞行平台在不能在超过本身抗风、抗雨雪能力的环境中作业；同时飞行平台的夜间飞行能力有限，并且受制于载荷的夜间成像能力；无人机可避免人员伤亡，可安排在危险区域进行作业，同时起降场地的要求依据平台类型的不同而差别巨大，如中大型固定翼无人机对起降跑道要求较高，而中大型无人机直升机对起降跑道要求则相对较低，小型旋翼无人机无特别的起降场地要求[61]。

### 4.2.1.3　瞭望塔监测

塔台监测是利用地面制高点上的瞭望塔观测火情的一种方法。塔台监测的优点是相较于人工巡查，其覆盖面积更广，提升了效率，降低了劳动强度；缺点是会受塔台数量、地形、地势影响，盲区大、监测准确率低，而且造价成本较高，得不到大范围的应用。要想达到良好的火灾监测效果，塔台的选址和工作环境，以及塔台的自身结构是最需要关注的三个要素。塔台组网密度要适中，如网眼过大，则会出现"盲区"，不利于早期发现火情；如网眼过小，则台数增多，会造成不必要的损失。只有科学合理地构建塔台组，才会显著提高监测点空间分析与计算预测能力，从而有效地提升监测火灾的准确度。

有人值守塔台的首要任务就是瞭望员要在发现火情后第一时间，及时向森林防火指挥部报告，加强对林火的监控和巡查，密切关注火势的蔓延、发展和变化，为快速扑灭森林草原火灾提供翔实而准确的火场信息。有人值守塔台的高度通常为 24 m，这种瞭望塔没有监控死角，可以做到大范围监测，但这种塔台没有保温措施，而且对讲机的使用距离也会受到限制，恶劣的工作环境不利于瞭望员及时监控火情。因此，吴精财等对其进行了研究改进：一是将高度改为 28 m，并且在顶部设置一个通信平台，可以改善通信质量；二是在顶部增设太阳能利用机房，充分利用能源；三是为了避免瞭望台遭受雷击，在塔台顶部增设了 10 m 的分段避雷针，同时为了保证天线与避雷针的水平距离，增设了收发天线框架。应用表明，有人值守塔台坚固耐用，宽敞明亮，光线充足，信息通信传递准确，火点的辨识、监控效果显著提升。

近年来，有人值守塔台正逐渐被无人值守塔台所取代，无人值守塔台配备了高清数字录像机、无线网络和可再生能源驱动系统，这不仅减少了操作员的工作量，而且提高了火灾发生时发出警报的准确性和可靠性，利用配备的激光夜视摄像机或高清摄像机的塔台，可以建立自动森林草原火灾监测系统。但无人值守塔台的视距比有人值守塔台的视距要小，这导致了需要部署的塔台数量急剧增加。由于塔台之间的重叠区域比传统的塔台网络更大，重叠频率更高，如果为了扩大探测范围，必须增加所需的塔台数量，那么塔台之间的重叠是不可避免的，就会导致视域冗余。为使建筑成本最小化和森林草原火灾监测覆盖率最大化，合理设置塔台是至关重要的。

## 4.2.2 卫星监测及遥感技术的应用

卫星遥感是一种通过高科技技术对森林火险进行监测的方法，它可以对地面的火险状况进行较为全面的观察，找到火情的热点，并对火情蔓延的情况进行监控，及时提供火情的信息，通过遥感的方式进行森林火险的预测，通过卫星数字数据对过火面积进行估算。该方法具有探测范围广，数据采集速度快，可获得连续的数据反映出火灾的动态变化，且数据采集不受地形等因素的影响，图像逼真等特点。

气象卫星遥感可以获取森林气象信息，并可以从中提取出与火情有关的信息，对数据进行分析处理，从而可以定位火场位置、判断火势强弱、测算火场面积和火势发展方向等信息，为森林防火部门提供重要的参考依据。由于遥感影像中的像素点饱和、扫描周期较长、云层遮挡、分辨率较低以及火情参数难以实时定量等，导致遥感影像的应用范围较小，从而导致遥感影像的可信度降低，延迟了林火的发现与扑救。美国通过利用海洋空气管理局的卫星向地面传输的图像来分析是否存在热源，从而对林火进行早期预警。与航空勘探相比，卫星勘探具有如下优势：

（1）小成像监测范围大，一张陆地卫星图像相当于 3500 张 1∶10000 航测照片。

（2）资料新颖，能迅速反映动态，及时监测发现自然界的变化。

（3）不受地形影响，克服飞机、雷达的空间局限性。

（4）采用多光谱摄影，形象信息丰富，如在森林可燃物分布图中可同时使用5波段、7波段的卫星片，各树种在7波段的光谱反射率差异较大，有利于树种识别，而5波段出现的低反射率则有助于把林地与无林地（草地、农田、道路）分开。

（5）成像迅速，成本低廉。陆地卫星遥感图像在分辨率上不如航空遥感图像。而气象卫星的分辨率则更低，并且其对于特定地物的定位还较粗糙。随着遥感仪器和判读仪器的发展，这些缺点将逐步得到弥补和克服。

许多森林火灾的范围都很大，如果仅仅依靠飞机或者是地面工作人员来进行监控，不仅会增加成本，而且还会增加工作压力。但是，通过使用遥感技术，就可以将火势的情况传送到指挥中心，这样，指挥中心的工作人员就可以根据这些信息，做出正确的指示，从而及时地将火势扑灭，减少经济损失。目前，我国在森林火灾监控方面所使用的是 NOAA 系统气象卫星，它的主要特征是密度大、时间少，并且还具备动态遥感的性能，可以保证森林火灾监测工作的时效性与稳定性[62]。该技术的应用主要体现在以下几个方面：

（1）林火动态监测。美国于 1975 年 11 月 24 日用同步气象卫星（SMS-2）监测加利福尼亚州由林火引起的烟雾扩散情况，空间分辨率为 2 km。1977 年 5 月 23 日，由"流星"气象卫星（苏联低轨卫星）拍摄的我国大兴安岭发生的一次林火，从图像中能看出火势还在向东北蔓延。这次卫星拍摄的资料与地面记录相吻合。1976 年 9 月 15~16 日，由陆地卫星-2 拍摄的黑龙江省黑河地区西部一次林火，从图像中能看出 15 日烟雾尚少，16 日燃烧点增多，而且范围扩大了。

目前由于陆地卫星很少，覆盖周期长，每 18 天才能对同一地点巡视一次，而气象卫星虽然每天能成图几张，但分辨率低。因此，这两种卫星在林火探测上的直接应用还有一定距离。

（2）雷击火监测及预警。雷暴云是由强烈对流引起的。由于对流强云顶高，且温度极低，在可见光和红外图像上呈现为最光亮区，所以卫星云图可见光波段和红外波段范围都非常直观地提供了雷暴云的信息，可以在云图上把雷暴云从其他云类中分辨出来，并确定其位置，从而勾画出地面上可能发生雷击火的区域。诺阿-2 卫星图像显示出的美国阿拉斯加州在 1973 年 6 月、7 月的三天中的雷暴云与地面雷击火的相关位置表明，雷暴云位置与记录的林火位置都是一致的。

（3）编制大范围森林可燃物分类测绘图。陆地卫星图像在经过电子计算机数字分类和彩色增强处理后，可以表示出林区中不同林型、水面、沼泽、采伐地、非林地、火烧迹地等的位置及面积。一旦发生火情，使用这种图就能从中确定林火蔓延速度和控制措施，从而为扑灭森林火灾提供制订最佳方案的情报。

（4）绘制火烧迹地图和估算损失量。多光谱的陆地卫星图像能反映地面物体对不同光谱的反射强度。经过火灾后的枯死植被会强烈吸收红外光，故在6波段、7波段图像上火烧迹地的色调比周围活植被暗。1975年6月10日我国内蒙古红花尔基林业局一次火灾迹地在卫星图像（7波段）显示出来，在通过密度分割仪处理后，得到了表示林火严重等级的面积分布，并能够从中估算材积的损失量。

（5）及时测绘防火期植被的物候变化。根据卫星图像的影像分析，可以很容易地随时在大面积范围内测绘雪线界限的变化和林区植被的物候变化，如从枯草返青、枝条萌发可判别防火期的开始和结束。同时植被变化和含水量是划分火险等级的一个重要因素，卫星遥感在这些方面提供了大范围的数据，使火险动态区划更精确。

（6）测定和传递各种地面和高空气象因素供计算机做火险预报。林区气象站稀少，交通不便，通信困难，要取得常规需要的一些观测资料是困难的。气象卫星昼夜进行全球范围的观测，其所测得的温度、湿度、降水、辐射等三度空间分布的气象要素，可在一天内数次向各地区站快速传送。

### 4.2.3 综合监测手段

众所周知，森林消防工作需监测的关键参数是温度，红外热成像监控技术可实时监测环境温度，用异常的温度提示火情及火险等级。在日常监测中，通过安装在瞭望塔或高点区域的红外热成像摄像机巡扫，可自动检测到高温点并发出报警信号，为火灾早期预警提供帮助；当火灾发生时，真正着火点易被烟雾遮盖，通过红外热成像摄像机可有效进行火点定位，为消防工作提供帮助。

此外，以消防直升机为代表的森林灭火工具，由于机体自身重量轻、飞行高度低，在经过火灾上方时容易受到火焰产生的气流漩涡影响，易出现坠机事故。当前日益发展的无人机，以其风险低，操作简单、实用性强等特点，在当前森林火灾探测及灭火过程中担当重要角色。在实际应用中，可通过无人机搭载高清摄像机、红外热成像摄像机及其他感知设备，对接卫星通信和短波传输网络等多种通信方式，实时远程传输图像和现场数据，对重点区域进行日常巡护，或在其他监测手段报警时可辅助进行火情判识。

对林火进行大范围、多方位、全天时的监控和预警，对于林火的早期识别和迅速防控具有重要意义。空天地联合监测和预警技术，可以实现对重点高风险区域的全方位立体实时监测和对森林火灾进行智能预警，地球同步轨道气象卫星热点监测、无人机航空监测、基于高位5G网络摄像机的智能森林火灾实时监测（简称高位森火监测）和人工巡查监测等构成了空天地一体化监测网络，不断为用户提供全天候的遥感应急服务。气象卫星具有大范围、固定观测站点和高密度、持续观测时间等优点，能够对火情进行全域、全时、高频监控，适合在无人区进行大规模火情的快速探测，但难以对早期火情进行探测。相较而下，无人机航空监测就显得更加灵活了，它可以搭载有可见光、红外等多种传感设备，还可以定期地对森林火险的关键区域进行飞行巡视，但是在通常情况下，无人机的飞行续航能力较差、覆盖范围较小[63]。高海拔森林火灾监控系统是指将多光谱、红外和可见光等多种波段结合起来，用于对小型重点地区进行精确、实时的高海拔森林火灾监控。在此基础上，通过多维、立体化的方式，对重点地区的火情进行多维、立体化的感知，并通过火点和浓烟的智能识别，实现对有无林火的精确判断，并自动向应急管理部门推送火灾预警信息，从而大大提高了林火的监控效率，达到对林火的及早监测和预警。

在林火监控中，由于无人机巡护不能覆盖到所有的细节，因此传统的人工巡护方式仍适用于消防通道、文物古迹、火情高发区、物资储备区等关键区域。通过与 GIS 地图、卫星定位、现场图像/视频现场采集、4G/5G 信号传输等信息化技术相结合，人工巡护具有更高的精度和实时性。在终端装置以及系统软件的辅助下，当每日巡逻人员进入巡逻区域时，系统会自动匹配附近的巡逻地点，并自动完成打点报告；巡逻时，现场工作人员在发现报警后，可以对报警情况进行拍摄或录像，并向系统后台汇报，实时显示各巡逻点的具体位置，方便工作人员的管理、调配、应急救援等。

### 4.2.4　林火监测新技术

#### 4.2.4.1　物联网监测技术

当前，物联网技术和智能信息处理已经成为获取精确定量信息的重要手段，为林业领域的信息采集与处理提供了新思路，并已经成为现代林业的研究热点。利用物联网全面感知、可靠的传送和智能作用这三方面的特性，可以将其应用于林火监测系统中。在森林覆盖的区域内，通过无人机及可自动识别林火的监测视频可以发现森林火灾，通过安装无线传感器网络可实现对林区各项林火因子的实时监控，利用无线射频识别装置及全球定位系统可以进行护林员巡护管理。这样，从多个监测方面同时入手，以实现对森林火灾的早发现、早控制、早处理。综合各种先进设备的智能化的物联网林火监测网络一旦形成，必将综合各种监测设备的优点，扬长避短，大幅提高林火监测的效率，成为森林防火工作的坚实后盾，从而达到保护森林资源、保障生态安全的目的。

随着物联网技术的发展，越来越智能化、高效率和可互操作的物联网林火监测系统将会逐步出现，并广泛应用于森林火灾监测领域。物联网技术在森林火灾预测预警方面的发展与成熟，也将极大地提高林业信息化的水平和程度。

#### 4.2.4.2　森林火灾距离监测系统

法国一家专业防火公司研制出一种森林火灾距离监测系统。该系统包括远距离火源探测器、一架远红外摄像机以及一台电脑。试验表明，这套系统在雾天能够测出 2 km 以外一张燃烧的报纸和 8 km 以外的 10 m² 火区较弱的火势。这套系统不仅能测出火灾，同时也可准确有效地测出热气体和易燃气体。它可以通过遥控摄像机准确地测出火源和判断火势，并把其精确的方位自动地传送到消防操纵台。每套系统可监测 200 km² 的范围，通过数套系统，人们便可以三角交叉监测各个区域，并对搜集到的信息加以对比。

### 4.2.4.3 森林报警系统

在人们发现森林火灾和报警之前，火灾往往早已失去控制，造成重大损失。只有采用自动化监测，才能做到及时发现，及时报警，迅速扑灭。西班牙国家海军军备建设公司推出了一套森林报警系统，并获得了欧洲专利。该系统是在林区监测塔上安装太阳能电视录像机，每台机器都配有两套图像传感器，一套对可见光敏感，另一套则对红外线辐射敏感。前者所得的图像以地图形式储入仪器记忆装置，而后者则能录下由较大热源所造成的热点，并将它叠加到记忆装置中的图像地图上去，再传回中枢调控部分。当发生火灾时，即形成热点，红外传感器会自动录下该点。当图像地图上因叠加作用而出现热点时，就会相应地发生显著变化，促使中枢调控部分发出警报，值班护林员即可据此通知距离火源最近的消防小分队迅速前往灭火，将火消灭在初发阶段，从而避免森林大火造成严重的损失。

### 4.2.4.4 森林防火电视机

俄罗斯科学家研究成功一种能在电视控制装置屏幕上发现森林火灾烟雾的电视机。这个闭路电视系统具有影像信号传动装置，可安装在防火观察瞭望台和高大建筑物上。该机由装置在瞭望台中的三台仪器和装在房屋内的三个仪器组成，它可进行远距离调控。当发射室的位置超过林冠 20~25 m 时，可在电视装置屏幕上发现森林火灾。其观测半径小于 15 km，林冠到地面森林详细检查在 2 min 内就可以完成。

### 4.2.4.5 自动林火监测预报系统

在德国，林火监测塔已被自动监测系统所取代。该系统由两部分组成，即监测林火传感器，安装在预测林火的林地上，另一部分是连接各监测点传感器的监测中心，设在林管区或林业局，通过无线电同 10 个传感器相连接，安装在林地高处的传感器上装有可转 360° 的彩色相机，高度为 25~50 m，图像处理计算机可自动识别烟火，可将信息高质量地通过无线电传送给监测中心，监测中心根据荧屏上反映的信息做出判断和制订防火措施。

### 4.2.4.6 森林火灾红外线监测器

意大利研制出一种森林火灾红外线监测器，它可以感知 120 平方英里（310.8 km²）范围内由火灾引起的温度变化，并在摄像机发现火焰之前发出火灾警报。设在森林中的火灾监测塔除配备一台气象用传感器和一台帮助消防人员看到火势情况的摄像机外，还应配有一台这种新研制出的用于测量地面温度的红外线监测器。这种监测器能以每分钟旋转360°的频率对林区进行扫描。如果在连续三次的旋转中均发现地面温度升高，它便会发出火灾警报，通知消防队伍赴现场，此时火势往往尚处于初起的闷烧状态。使用红外线监测器继续监测火焰，将来自气象传感器的数据与存储在监测器计算机中的当地平均温度相比较，再结合摄像机的拍摄情况，便可使消防队知道哪里是火灾中心以及火灾的蔓延趋势。

### 4.2.4.7　无人机监测

无人机火灾监控是一项新兴的森林火灾监控技术，与以往经常使用的卫星、瞭望塔、地面监测、航空监测相比，无人机具有体积小、成本低、操作简单灵活、受限制因素少、节约人力物力等优点。近年来，随着无人驾驶飞机技术的不断成熟与发展，其在气象探测、灾害预报、环境遥感等方面有了广泛的应用。无人驾驶飞机火情探测是指一架无人驾驶飞机搭载一套相机，对林火进行巡护。无人机利用地图绘制技术，将采集到的图像进行拼接，从而得到目标的坐标。

森林火灾的扑救是一种十分危险的行为。在林火发生的时候，会产生大量的烟尘，这些烟尘不仅会影响消防员的视野，还会使他们的呼吸变得困难，而且林火的烟尘中还含有许多有毒有害物质，如果吸入太多，就会有生命危险。利用无人机探测火情，可以定位火情位置，估计火情面积，判断火情类型，并将这些信息反馈给有关部门，便于林火指挥部做出相应的决策，从而降低由于对火情的不完全了解而导致的不必要的人员伤亡。尤其是初发火源和隐蔽火源不易被人类察觉，利用无人机对火源、热点等进行识别，可实现对火源的准确定位。无人机传回的资料也可以保存成地图，为将来的预报提供有用的资料。

美国是最早使用无人机进行森林地表火监测的国家。在美国蒙塔纳州米苏拉市发生的森林火灾中，研究人员使用了一架"Firebird 2001"无人机，该无人机配有可视化摄像装置，用于监测森林地表火。辛辛那提大学的一个研究小组利用马库斯"Zephyr"无人机系统验证了此无人机具有森林火灾探测以及用于实时火灾数据传输的能力。欧洲多国研究学者使用了一组搭载可见光和红外相机的无人机群，这些无人机可以提供多视角的森林地表火图像和蔓延数据，并在此基础上使用该无人机群对森林地表火进行监测、定位、测量的工作，并试验验证其具有在真实火灾中发挥作用的能力[64]。Rossi 等[65]利用无人机搭载立体相机，可以测得无遮挡森林地表火轮廓的实际位置，此过程必须经过耗时的立体匹配环节，难以实现实时采集森林地表火行为的数据。Campbell 等[66]将激光雷达搭载于无人机上，实现了森林环境的三维建模，从而为消防人员的扑火和逃生规划出最佳路径，此方法的实现可以为森林地表火的监测以及扑救领域提供有力的科学依据。

我国的科研小组从无人机的结构和搭载的传感器等几个角度对其进行了设

计。李滨等[67]对小型林火无人飞行器的总体设计、关键部件的优化仿真、飞行控制系统的设计，可为其他无人飞行器的优化设计提供借鉴。马瑞升等[68]研制开发了一套以无人驾驶飞机为基础的森林火情监控系统，该系统可以在复杂的环境下进行操作，使用者可以在监控界面上查看森林情况，为灭火行动提供相关的决策支持。目前，我国在无人机上安装红外相机和雷达等多传感器已经成为一种趋势，但是很少有专门用于森林表面火监测领域的无人机。

### 4.2.5 融合 CBAM-EfficientNetV2 的火灾图像识别方法

由于传统的火灾探测器探测距离和空间有限，无法实现远距离探测，火灾识别技术已经逐渐从感烟、感温探测发展为火灾图像视频探测。随着近些年深度学习的快速发展，卷积神经网络（CNNs）成为图像识别的主要手段，基于深度神经网络的火灾图像检测算法，能够将图像中的火灾区域检测出来，从而能够更有效地用于火灾检测。有效识别火灾有助于及时、高效地防控火灾，大幅提升火灾识别的高效性、准确性和实用性。目前多数的火灾识别算法均为直接对整张图片进行特征提取，然后根据特征进行分类，图片中的局部信息容易被忽略，使得识别模型检测精度低、漏报率高。融合 CBAM-EfficientNetV2 的火灾图像识别方法则可以解决上述问题，通过注意力机制重点关注输入对象的显著性特征，将 CBAM 融入移动网络 EfficientNetV2 对小火焰进行识别，能够加强特征提取功能，提升小目标物体的检测精度，从而获得更优的分类准确率。将通道注意力和空间注意力融合到移动网络 EfficientNetV2 中，有效地利用了通道和特征空间的位置信息之间的相互依存关系，增强了火焰烟雾特征以及小火焰特征的表征性，提高了火灾判别的准确率。

融合 CBAM-EfficientNetV2 的森林火灾图像识别方法选择了特征提取能力强、参数效率和速度都很高的 EfficientNetV2_s 作为骨干网络，同时引入了 CBAM，分别从通道和空间两个方面增大特征层中的有效特征权重，从而增强森林火焰烟雾特征的语义信息，并抑制复杂背景信息的干扰，使得网络更加关注森林火灾图像的特征信息。在交叉熵损失函数的基础上引入标签平滑，防止模型在训练过程中过于自信地预测标签。网络整体结构如图 4-1 所示，首先，通过收集森林火焰烟雾以及类火图像建立数据集，并将数据集划分为训练集和验证集；其次在 EfficientNetV2_s 的基础上重新设计了网络结构，在第一卷积层和最后卷积层之后添加了 CBAM；然后将训练集送入模型中训练，得到森林火灾检测模型；最后使用火灾检测模型将验证集分为三类：火焰、烟雾和无火无烟。为方便理解，下文将重点介绍 EfficientNetV2 网络结构、CBAM 的结构和作用以及平滑标签。

#### 4.2.5.1 EfficientNetV2 网络结构

目前大多数优化方法是通过改变图像输入分辨率、网络的深度、通道宽度中

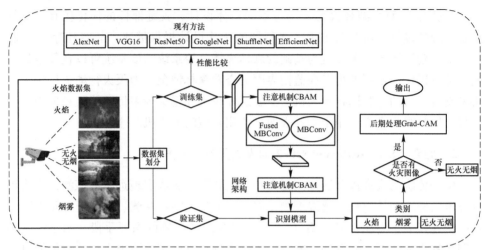

图 4-1　森林火烟探测结构框架

彩色原图

的一项来提升神经网络的性能，无法同时兼顾提高准确率和效率。增大网络深度是训练许多神经网络经常使用的方法，这样能捕捉更丰富、更复杂的特征并且适应新任务来进行学习。然而，增加网络的深度会带来梯度消失的问题。增加网络宽度，即特征图通道数增多，更多的卷积核可以得到更多丰富的特征，增强了网络的表征能力。更宽的网络往往能够学习到更加丰富的特征，并且很容易训练。但是对于网络结构过宽且深度较浅的网络，在特征提取过程中很难学习到更高层次的特征。对于具有高分辨率的输入图像，卷积神经网络也可以捕捉其细粒度特征，这样能丰富网络来提升网络精度。上述网络的宽度、网络的深度及图像的分辨率三个指标都可以提高精度，但对于较大的模型，精确度会降低，所以需要协调和平衡不同维度之间的关系，而不是常规的单维度缩放。EfficientNet 可以将网络宽度、网络深度及提高图像的分辨率通过缩放系数对分类模型进行三个维度的缩放，自适应地优化网络结构。

　　EfficientNet 主要是由移动翻转瓶颈卷积模块（mobile inverted bottleneck convolution，MBConv）堆叠而成，其结构如图 4-2 所示。由图 4-2 可知，MBConv 由两个 1×1 标准卷积、SE 注意力机制模块、深度可分离卷积核残差边组成；但是在网络浅层中使用深度可分离卷积会使速度变慢。而 EfficentNetV2 引入了 Fused-MBConv，将 MBConv 中的普通 Conv 1×1 标准卷积和深度可分离卷积替换成了普通的 Conv 3×3 卷积，结构如图 4-3 所示。

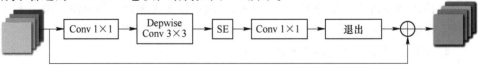

图 4-2　MBConv 结构 Ⅰ

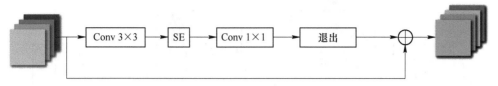

图 4-3　MBConv 结构Ⅱ

本方法选用的 EfficientNetV2_s 网络框架总共分为八个模块，第一个模块是一个卷积核大小为 3×3、步距为 2 的普通卷积层，第 2~4 个模块是在重复堆叠 Fused-MBConv 结构，第 5~7 模块是重复堆叠 MBConv 结构，第 8 个模块由普通的 1×1 卷积层、平均池化和全连接层组成。该网络中 Fused-MBConv 和 MBConv 组合通过神经架构搜索方法（NAS）而得，从而能够充分发挥两种模块的优势，该组合下 EfficientNetv2_s 的结构如图 4-4 所示。此外，提取了森林火焰、烟雾和小火焰图像在模型训练过程中第一卷积和最后卷积的特征图。随着网络的深化，模型可以关注更抽象的特征，不仅可以提取浅层特征，还可以关注更丰富、更抽象的深层信息。

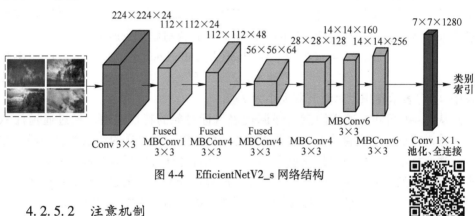

图 4-4　EfficientNetV2_s 网络结构

### 4.2.5.2　注意机制

在目前的火灾识别算法中，小目标是影响火灾探测准确性的关键因素。由于小目标在整个图像中所占位置较少，携带的信息很少，因此图像输入卷积神经网络最终提取的特征信息非常少，这导致特征表达能力较弱，小目标检测性能下降。本方法引入了 Convolutional Block Attention Module，CBAM 主要由通道注意力和空间注意力两个部分组成，来强调通道轴和空间轴这两个主要维度上的有效特征，其中通道注意力强调目标物体的特征通道，空间注意力强调目标物体的位置，结构如图 4-5 所示。

特征图 $F$ 首先输入通道注意力模块进行全局最大池化（global max pooling）和全局平均池化（global average pooling），将池化后的两个一维向量送入全连接层运算后相加，生成一维通道注意力 Mc，再将通道注意力与输入元素相乘，获

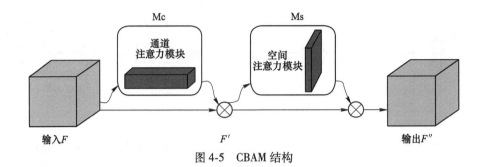

图 4-5　CBAM 结构

得通道注意力调整后的特征图 $F'$。计算过程如下所示：

$$\text{Mc}(F) = \sigma(\text{MLP}(\text{AvgPool}(F)) + \text{MLP}(\text{MaxPool}(F))) \tag{4-1}$$

$$F^{'} = \text{Mc}(F) \times F \tag{4-2}$$

式中，MLP 为共享感知机；Avg 为全局平均池化；Max 为全局最大池化；$\sigma$ 为 Sigmoid 激活函数；×表示对应元素相乘，在相乘操作前，通道注意力与空间注意力需要分别按照空间维度与通道维度进行广播。

　　将 $F'$ 按空间进行全局最大池化和全局平均池化，将池化生成的两个二维向量拼接后进行卷积操作，最终生成二维空间注意力 Ms，再将空间注意力与 $F'$ 按元素相乘，获得空间注意力调整后的特征图 $F''$。计算过程如下所示：

$$\text{Ms}(F) = \sigma(f^{7\times7}((\text{AvgPool}(F); \text{MaxPool}(F)))) \tag{4-3}$$

$$F'' = \text{Ms}(F') \times F' \tag{4-4}$$

式中，$f^{7\times7}$ 表示卷积运算滤波器大小为 7×7。

　　从图 4-6 可知，通道注意力强调代表目标对象的特征通道，经过通道注意后，输入特征中代表森林火焰烟雾的通道颜色变深，而通道的背景颜色变浅。在空间注意之后，目标位置的颜色变深，这意味着森林火焰烟雾的权重变大，而没有火焰烟雾的位置颜色变浅。这说明在提取火焰烟雾特征的过程中，CBAM 可以更加关注火焰烟雾的位置，以减少背景干扰，提高小火焰检测的准确性。

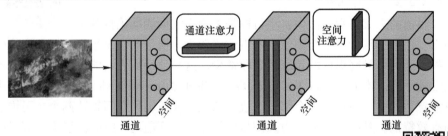

图 4-6　通道注意力和空间注意力结构图

彩色原图

### 4.2.5.3　标签平滑

标签平滑是一种正则化技术和对抗模型过度自信的方法，将正确类的概率值限制为更接近其他类的概率值，让标签没有那么绝对化。因此，本方法将标签平滑与交叉熵进行结合，提高模型的泛化能力，提升最终检测准确度。标签平滑将目标向量改变少量 $\varepsilon$，要求模型将正确的类别预测为 $1-\varepsilon$，将所有其他类别预测为 $\varepsilon$，通过实验，确定 $\varepsilon$ 最终取值。两者结合后的损失函数如式（4-5）所示。

$$L = (1-\varepsilon)\,\mathrm{ce}(i) + \varepsilon \sum_{j} \frac{\mathrm{ce}(j)}{N} \tag{4-5}$$

式中，$\mathrm{ce}(x)$ 表示 $x$ 的标准交叉熵损失；$i$ 为正确的类；$j$ 为其他的类；$N$ 是类的数量。

本方法通过引入通道注意力和空间注意力关注森林火灾图像中的有效特征，抑制不必要的特征，使得网络能够在复杂场景以及干扰物较多的场景下更好地识别火焰和烟雾，并且增加小目标识别的准确率，使用正则化技术标签平滑可以防止模型由于过于自信而导致过拟合。因此，本方法在 EfficientNetV2 的基础上加入 CBAM 模块，通过在网络第一层卷积和最后一层卷积后面加入注意力机制来增强森林火灾图像特征的语义信息，减少冗余信息；在交叉熵损失函数的基础上引入标签平滑，很好地解决了传统方法在学习错误特征时由于过于自信而导致准确率低的问题。改进后的网络模型结构如图 4-7 所示。

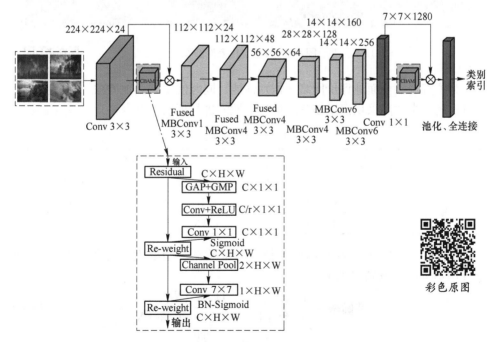

图 4-7　改进的 EfficientNetV2_s 网络结构

　　本书数据集主要来源于之前研究人员建立的一些森林火灾图像数据集，或通过百度以及自己拍摄采集，建立了具有不同正样本和负样本的火焰、烟雾与类似火焰烟雾数据集。为了使数据集尽可能接近实际情况，收集了各种场景火焰烟雾图像，包括了大火—小火、白天—黑夜等，确保目标图像的多样性；为了使得模型更加具有泛化能力，非火焰样本中包括了晚霞、太阳、白云等类似火灾图像，增加了火灾检测的难度，代表性图像如图 4-8 所示。

| 无火无烟 | 火焰 | 烟雾 | 小火焰 |

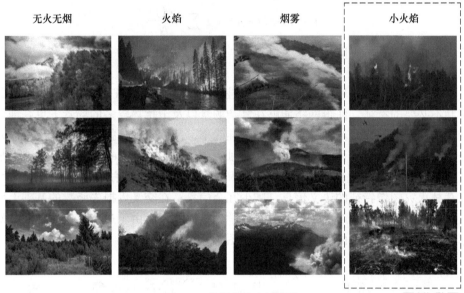

图 4-8　数据集代表性图像

　　为了直观且全面地评价网络的识别性能，同时便于与其他方法进行比较，本方法采用混淆矩阵对模型的性能进行评估，见表 4-1。

彩色原图

表 4-1　混淆矩阵

| 混淆矩阵 | | 实际价值 | |
| --- | --- | --- | --- |
| | | 积极的 | 消极的 |
| 预测值 | 积极的 | TP | FP |
| | 消极的 | FN | TN |

　　根据混淆矩阵可以定义模型评估指标准确率、精确度、召回率以及 F1 评分（F1-Score），其定义如下：

$$准确率 = \frac{1}{3} \sum_{i=1,2,3} \frac{TP_i + TN_i}{TP_i + TN_i + FP_i + FN_i} \tag{4-6}$$

$$精确度 = \frac{1}{3} \sum_{i=1,2,3} \frac{TP_i}{TP_i + FP_i} \tag{4-7}$$

$$召回率 = \frac{1}{3} \sum_{i=1,2,3} \frac{TP_i}{TP_i + FN_i} \tag{4-8}$$

$$F1\ 评分 = 2 \times \frac{召回率 \times 精确度}{召回率 + 精确度} \tag{4-9}$$

式中，$i$ 属于火灾的三个类数，火焰、烟雾、无火无烟；TP 表示正确分类森林火灾图像数量；FN 表示错误分类森林火灾图像数量；TN 表示正确分类非森林火灾图像数量；FP 表示错误分类非森林火灾图像数量。

　　下文将介绍其与其他识别方法在森林火灾、烟雾、火焰烟雾以及小火焰识别方面的对比结果。

　　（1）森林火焰识别。从图 4-9 中可知，CBAM-EfficientNetV2 模型可以很好地对森林火焰图像进行识别，并且在实验过程中迭代训练 100 次之后，训练集和验证集的准确率和损失率基本收敛，模型最终准确率可达 98.9%，损失率为 4.1%。如图 4-10 所示，通过对比不同识别方法的准确率折线图，可以发现本书所提方

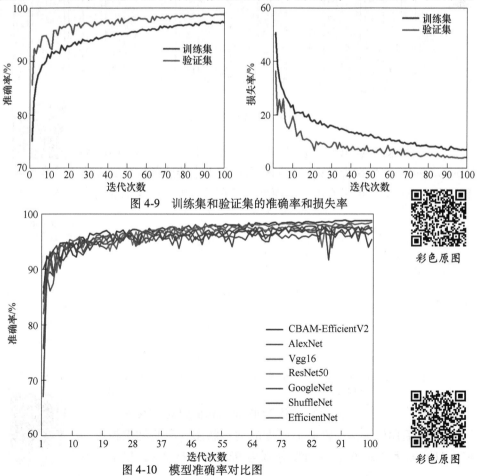

图 4-9　训练集和验证集的准确率和损失率

彩色原图

图 4-10　模型准确率对比图

彩色原图

法收敛速度最快，70 轮之后准确率逐渐达到平稳状态，最后的准确率也是最高的。从曲线来看，相比于其他方法，本方法更加地稳定，并且毛刺很小。从图 4-11 可以看出，AlexNet 的识别性能最差，EfficientNet 系列的性能最好，EfficientNetV2 的精确度、召回率、F1-评分均是最高的。实验结果表明，在特征提取过程中，通过 CBAM 可以更快、更好地提取图像的显著性特征，进而使得网络的分类效果更好。

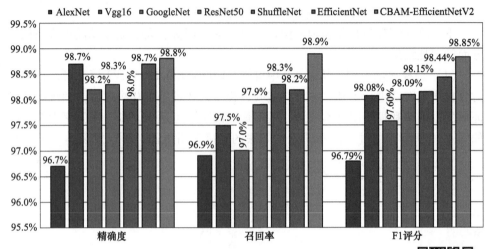

图 4-11　网络模型的性能比较

（2）森林烟雾识别。从图 4-12、图 4-13 中可知，CBAM-EfficientNetV2 模型在森林火灾早期烟雾识别上也能达到较高的准确率，可达 98.5%。可以看出，本模型不仅在所有模型中识别准确率最高，而且迭

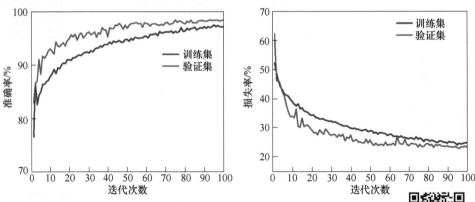

图 4-12　训练集和验证集的准确率和损失率

代 70 次之后曲线平滑，没有大幅度的波动状态，实验结果趋于稳定。AlexNet 和 Vgg16 的召回率分别为 92.3%、93.3%，相比于本

方法，现有方法在森林烟雾识别上存在报错率较低的情况。而本方法在准确率、召回率、F1 评分三个指标上结果是最好的，说明本方法在烟雾识别上漏报率和报错率较低，能够达到一定的识别效果。图 4-14 可以看出，EfficientNet 系列的综合性能最好。

彩色原图

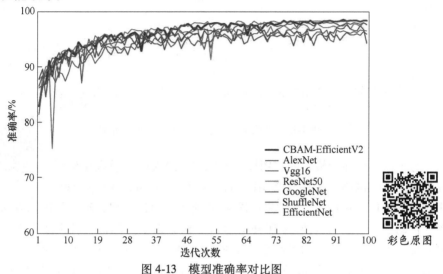

图 4-13 模型准确率对比图

图 4-14 网络模型的性能比较

彩色原图

（3）森林火焰烟雾识别。从图 4-15 中可知，CBAM-EfficientNetV2 模型可以很好地对森林火灾图像进行识别，并且在实验过程中迭代训练 100 次之后，训练集和验证集的准确率和损失率基本收敛，模型最终准确率可达 97.6%，火灾图像的分类效果取得了一定的精度。

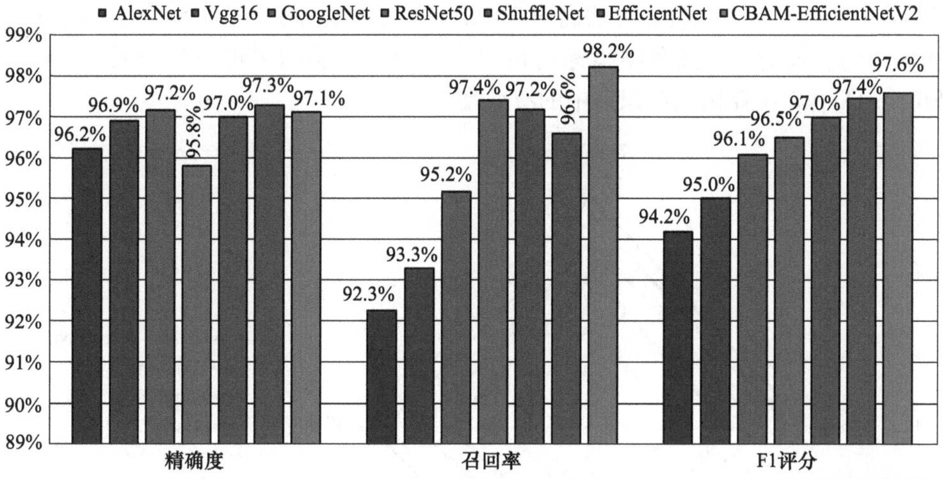

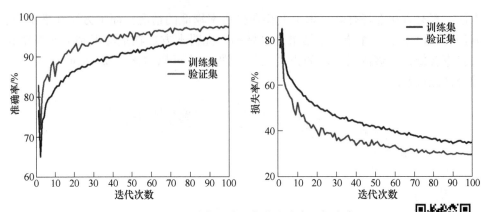

图 4-15 训练集和验证集的准确率和损失率

彩色原图

为了进一步评价模型的实用性，选取现有经典网络模型在相同数据集上训练网络，其中包括 AlexNet、VGG、ResNet、GoogleNet、ShuffleNet、EfficientNet，其结果如图 4-16 所示。可以看出，现有的识别方法准确率、精确度、召回率以及 F1 评分均达到了 90%以上。然而，其性能仍然要低于本方法，本方法将注意力机制融合于 EfficientNetV2，并引入标签平滑与交叉熵进行结合，最终测试结果准确率为 97.6%，精确度为 97.5%，召回率为 97.3%，F1 评分为 97.3%，比传统方法高出 3.7%。总之，本方法可以更加关注森林火灾图像中的有效信息，其各项指标均在 97%以上，实验结果进一步说明了 CBAM-EfficientNetV2 在森林火灾识别中的有效性。

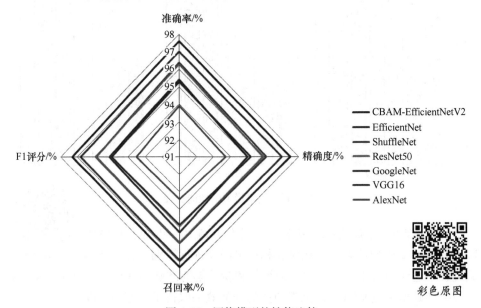

彩色原图

图 4-16 网络模型的性能比较

（4）森林小火焰识别。为了测试小目标识别的检测性能，对本方法与现有方法的小火焰数据进行了比较，比较结果如图 4-17 所示。对于轻量型网络 ShuffleNet 和 EfficientNet，二者在小火焰检测中的准确率虽然达到了 90%，但仍低于传统神经网络的识别率，精确度和召回率也是各方法中最差的，说明该网络相比于传统网络未有较好的提升效果。对于小火焰检测，现有方法虽然都有较高的准确率，且 ResNet50 和 GoogelNet 的精确度高于本方法，但是现有方法的召回率都很低，均在 90% 以下，低召回率意味着模型在火焰检测中引起的漏报率较高。相比现有方法，本方法在保持高准确率的同时，漏报率也较低，其中准确率为 96.1%，精确度为 91.9%，召回率为 94.3%，F1 评分为 93.1%。对于各项指标均低于大火焰检测，以及图 4-18 验证集曲线波动，这是因为小目标图像数据集较少、携带有效信息有限，导致检测困难，需要更好地提高小目标检测精度。

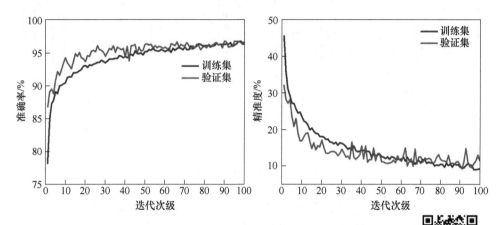

图 4-17 训练集和验证集的准确率和损失率

彩色原图

　　为进一步说明注意力机制模块（CBAM）的有效性，本方法采用了 Grad-CAM 技术对结果图进行可视化，如图 4-19 所示。其中，图 4-19（a）为原图，图 4-19（b）为 CBAM-EfficientNetV2 最后一层特征层可视化结果。由图 4-19 可以发现，CBAM-EfficientNetV2 模型可以定位到图像中火焰目标所在的主体位置，并且可以关注到目标所在的整体区域。这也表明加入 CBAM 后，其特征提取更为精确，可以有效提取特征的关键区域，进一步说明了 CBAM 在 EfficientNetV2 网络的有效性。

　　本方法基于改进的 EfficientNetV2 对火焰和烟雾图像进行识别，引入 CBAM 模块，从通道和空间两个维度提取火灾图像的有效特征，同时引入标签平滑修正损失函数，提升模型的泛化能力。与当前主流方法进行比较，本方法在火焰和烟雾识别上能够取得更高的准确率，并且具有较低的漏报率。通过消融试验，验证了注意力机制 CBAM 和 LS 的有效性，并通过 Grad-CAM 可视化特征层，结果表明，基于 CBAM-EfficientNetV2 模型的火灾图像识别方法能够有效地识别火焰和烟雾。

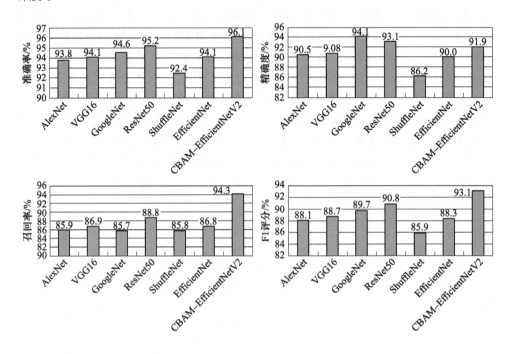

图 4-18　网络模型的性能比较

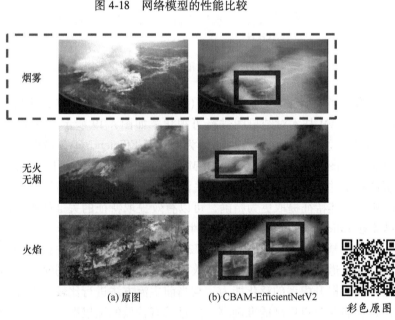

(a) 原图　　　　　　　　(b) CBAM-EfficientNetV2　　　　彩色原图

图 4-19　森林火灾图像模型的可视化结果

# 4.3　森林草原火险预报模型

## 4.3.1　林火发生预测模型中的驱动因子

导致森林火灾的主要因素有地形条件、植被条件、可燃物条件、气象条件、人为因素、火源条件等。森林火灾的发生概率受时间尺度、空间尺度、主要驱动因素等的影响。在确定了森林火灾的时空范围后，森林火灾发生的驱动因素对森林火灾的预测效果有直接的影响。因此，确定森林火灾的主要驱动因素，是构建森林火灾高精度预测模型的关键。大规模森林火灾预报模型会受到地形、可燃物、气象等因素的影响，而常规的广义线性模型由于其参数均为固定值，难以达到较高的预报精度和良好的解释力。目前，基于机器学习的森林火灾预报技术已被广泛应用于国内森林火灾预报领域。我国当前关于森林火灾与其驱动因素之间的关系，主要是在省、市、县等空间尺度上进行的，缺少在大范围内的研究[69]。

地形因素主要有地貌类型、海拔高度、坡度、坡向等。植被和可燃物影响因素主要有植被类型、植被覆盖度、可燃物类型和可燃物水分含量等。在无外来干扰的情况下，地形、植被、可燃物质等在小范围内、短期内变化不大，是森林火灾相对稳定的驱动力。然而，易燃物在空间上表现出很强的不均匀性。气象条件对森林火灾的影响最大，也是最不稳定的因素。气象要素类型多样，且相互影响，关系密切，存在着复杂的空间关联。气象因子会随着时间和地点的变化而发生改变，它会受到地形和植被条件等因素的影响，不管是在大范围还是在小范围内，它都会表现出很强的空间异质性[70]。结果表明，温度、湿度和风速对森林火灾的影响最大。从火源来看，森林火灾可分为人为火和自然闪电两种，这两种火是森林火灾预报的重点。不同的森林火灾类型，森林火灾的驱动因素是不同的。在大尺度范围内，由于天气条件变化，雷击火比人为火具有更大的时间和空间异质性[71]，且数据结构更离散。气象因子是雷击火的主要驱动因子。人为火与人类活动密切相关，人类活动包括距居民点的距离、距道路的距离、高程、人口密度等。人类活动越频繁，人为用火的概率越高，发生林火的概率就越大[72]。随着森林火灾影响因素的增加，森林火灾预报模型对森林火灾的解释力和预报准确率也会随之提高。开展森林防火期间，森林火灾风险，尤其是森林火灾发生频率的预测研究，对于森林火灾风险的科学、高效配置森林火灾管理资源具有重要的实践意义。对林火进行统计模拟对于确定对火的产生有影响的主要驱动因素也很重要。森林火灾的统计建模也是确定影响火灾发生的主要驱动因子的关键[73]。

## 4.3.2　关于森林草原火灾发生概率预测的模型

逻辑斯蒂（Logistic）回归模型是最常用的一种林火发生概率预测模型，被广泛应用于林火发生驱动因子和空间格局的预测预报分析中，也是我国最早采用的一种林火发生概率预测方法。然而，Logistic 回归模型没有考虑模型变量间的空间相关性和林火数据的非对称性等问题，具有一定局限性。地理加权逻辑斯蒂回归模型可部分弥补 Logistic 回归模型的缺陷。近来研究发现，采用随机森林算法得到的预测模型的精度高于基于 Logistic 回归得到的预测模型，且不需要多重共线性检验，不易过度拟合，具有良好的区域适应性。同时，其他机器学习方法也在林火发生预测预报中发挥了重要作用。

邓欧等[74]应用 LR 模型，对黑龙江省森林火灾及其影响因素（气候、地物类型、地形、人类活动等）进行了分析，构建了该区森林火灾的概率预报模型，进而对该区森林火灾危险性等级进行了划分。在选取气象因子的基础上，陈岱[75]将地形、植被和可燃物、人类活动等要素纳入森林火灾预测参数，构建了大兴安岭森林火灾预测模型，具有很好的拟合效果。苏漳文等[76]运用 Arcgis10.0 等相关软件对林火潜在影响因子（气象、植被、地形等）进行空间信息提取，并与火点和对照点结合，分析了福建地区林火发生的驱动因子，获得了林火预测模型。研究发现，在 LR 模型中考虑更多的林火驱动因子，可以明显提高模型的预测精度。LR 模型是国内外广泛应用的林火预测模型之一，在预测精度要求不高时，具有普遍的适应性。同时，LR 模型在雷击火的预测模型研究中也有广泛应用。然而研究发现，在 LR 模型中没有充分考虑林火影响因子的空间相关性和异质性，从而导致模型拟合结果偏差，无法进一步提升模型的预测精度。随着对高精度预测结果的需求，为了适应不同情形的森林环境，修正或变形的 LR 模型得到了发展。研究表明，考虑林火数据的空间相关性和异质性可以提高部分地区林火预测模型的预测精度。

梁慧玲等[77]在对福建森林火灾概率预测模型进行研究时，发现 GWLR 模型可有效降低各模型之间的差别，并可有效克服由森林火灾影响因素的空间相关性及异质性而造成的模拟误差，较 LR 模型有较强的适用性及可预测性。Zhang 等[78]对黑龙江省的林火发生预测进行建模，同样得到了 GWLR 模型预测精于 LR 模型的结论。在福建省和黑龙江省，GWLR 模型比 LR 模型具有更高的估计精度和适应性。目前，该方法在我国其他林火高发区域的林火发生预测模型中的应用和探讨还较少，需要进一步验证其适用性。

近年来，由于机器学习能够学习各种参数之间的非线性关系，因此受到广泛关注。该方法已被应用于各种科学和技术领域的预测和决策，其中包括森林火灾预测和检测。随机森林（random forest，RF）算法是由 Breiman 提出的一种基于分类和回归树进行数据挖掘的机器学习方法，是目前数据挖掘、生物信息学、生态学最热门的前沿研究领域之一，在经济管理领域也有一定应用[79]。RF 算法是由很多弱分类器集成的强分类器，只要数据量够大，模型就不会产生很多偏差，在异常值和噪声方面具有很高的容忍度，可有效避免过拟合和欠拟合现象的发生，被誉为当前最好的机器学习算法之一。在对森林火灾发生概率预测模型进行选择的时候，因为气象要素与森林火灾发生之间的关系通常是复杂的、非线性的，而且在数据测量的过程中，有可能因为仪器故障或者人为因素而产生数据缺失，这就造成了采用传统的方法无法对其进行全面的揭示[80]。RF 算法通过聚集大量分类树来提高模型预测精度，不需要事先设定函数形式，且能克服协变量之间复杂的交互作用，具有较高的分类正确率。Sharma 等[81]对机器学习模型在森林火灾发生中的应用提供了一种见解，并在此背景下，实现了八种机器学习算法。结果表明，面积下曲线（AUC）值为 0.78 的 Boosted 决策树模型最适合作为火灾预测模型的候选。王姝辉等[82]利用 MCD64A1 火灾数据集、气象数据、地形数据和可燃物含水率数据构建了模型训练数据集，并结合逻辑回归、随机森林与极端梯度提升等机器学习模型，对中国云贵川区域日尺度林火燃烧概率进行了预测。结果表明，地形因素及植被水分指数的引入对机器学习模型有一定的优化效果。李史欣等[83]通过提取林区的坡度、海拔、坡向、到居住点的距离、到道路的距离、地形湿度指数、归一化植被指数和温度驱动因素，评估火灾发生驱动因子，将潜在驱动因子分成地形、人类活动、植被与气象因素四类，然后采用机器学习算法建立了林火发生的预测模型。Carlos 等[84]基于机器学习算法确定火灾发生概率和火灾危险性，从火区面积和火线密度推断火灾发生模型，从火灾发生概率、火区面积比例、每区火灾次数推断火灾危险性。

人工神经网络是一种传统的机器学习方法，具有强大的非线性映射能力和抗干扰能力，由输入层、隐含层和输出层构成。目前较为流行的有 BP 神经网络、卷积神经网络等。杨景标等[85]以气象因子作为输入，采用 BP 神经网建立了广东省的日林火发生概率预测模型和月林火发生概率模型，验证了该方法在广东省林火预测中的适应性。但该模型处理数据量过大时易出现过拟合现象。最大熵模型基于当前的机器学习方法，能够基于不完全的信息进行预测，同时可以拟合多种函数复杂变量。柳生吉等[86]采用最大熵模型对影响黑龙江省的林火驱动因子进行分析，得到了较好的预测结果。该研究对比了广义线性模型和最大熵模型的预测精度，发现最大熵模型的预测精度更高于广义线性模型。迄今为止，我国林火预测模型中的林火驱动因子选择不具有统一的标准，重要的林火影响因素（如温度、降水量、风等）不能体现在所有的模型中。此外，虽然机器学习方法在我国林火发生预测中得到了一定的应用和发展，但该方法在我国仍缺乏普遍的推广，并且不同机器学习方法之间缺乏比较。

### 4.3.3 关于森林草原火灾发生次数预测的模型

林火发生频次预测可对月、周、日火灾数进行预测，针对不同地区，预测模型的适应性会有差别，选择适当的模型可提高预测精度。郭福涛等[87]比较了泊松（Poisson）模型和零膨胀泊松（ZIP）模型对大兴安岭地区林火发生与气象因子关系的拟合水平和预测能力。结果表明，ZIP 模型优于 Poisson 模型。郭福涛等[88]分别采用负二项式（NB）回归模型和零膨胀负二项式（ZINB）回归模型对大兴安岭地区雷击发生与气象因子的关系进行了预测，发现 ZINB 回归模型的拟合度和预测精度均优于 NB 回归模型。当林火发生频次的方差接近于期望时，应采用 Poisson 线性回归模型或 ZIP 线性回归模型；当林火发生频次的方差显著大于期望时，则应采用 NB 线性回归模型或 ZINB 线性回归模型。NB 回归模型和 ZINB 回归模型更适用于雷击火预测。研究发现，对于具有零膨胀问题的林火数据，零膨胀模型具有较高的预测能力和适应性。

秦凯伦等[89]建立了模拟大兴安岭塔河地区林火发生与气象因子关系的零膨胀模型和栅栏（Hurdle）模型，发现 ZINB 回归模型和 NBH 回归模型的拟合度优于 ZIP 回归模型和 PH 回归模型，且 ZINB 回归模型优于 NBH 回归模型。大兴安岭地区是我国林火重灾区，一旦发生火灾，往往会导致大面积的森林燃烧，年均森林过火面积居全国之首。目前，我国林火发生频次预测模型研究主要集中在该区域，且考虑的林火驱动因子仅为气象因子，比较单一，需要考虑更多的林火驱动因子以提高模型的预测精度。几种模型相比，ZINB 回归模型预测精度最高，是该地区林火频次预测模型的最佳选择。张馨月等[90]研究了林火次数与气象因子的相关性，对将每月林火发生次数与当月和前月的气象因子（温度、相对湿度、风速、降水量和大气压）的相关性进行了分析，并建立了模型。结果表明，影响森林火灾发生次数的主要气象因子为前月相对湿度和前月风速，林火发生次数随湿度的下降和风速的上升而增加。

同样，随着机器学习和人工神经网络的发展，其也可以用来预测森林火灾的发生与发展，杨景标等[85]应用人工神经网络建立了用于预测热带森林火灾发生情况的多层神经网络模型。结果表明，利用所选取的输入因子作为样本的人工神经网络，可以对林火的发生频次以及发展做出准确有效的预测。吴恒等[91]采用 5 年作为周期序列，以前 5 年森林火灾发生次数和火场面积为输入变量，以第 6 年森林火灾发生次数和火场面积为目标变量，运用 Matlab 构建了不同结构 BP 人工神经网络模型。根据模型筛选结果，得出模拟森林火灾发生次数和火场面积 BP 人工神经网络模型的权值和阈值，模拟结果呈现出较好的拟合度。Sakr 等[92]使用神经网络和支持向量机，开发了针对累积降水和相对湿度、独立于任何天气预测机制的林火预测算法。结果表明，两种方法均在预测火灾数量方面效果显著。

### 4.3.4　关于森林草原火灾林火行为预测的模型

林火行为是指森林火灾发生、发展全过程的表现和特征，即火灾从着火、蔓延直至熄灭全过程的全部特征。林火的蔓延扩展具有时间和空间双重特征。森林燃烧的火行为受火环境的影响，其特征主要表现为火场范围的扩大、火场形状、火焰特征、火强度、蔓延速度等。林火行为研究的是森林火灾发生和发展的规律性，是森林火灾研究的核心。林火行为受可燃物、火源、气象条件和地形等条件的制约和控制，影响因子及变化规律虽然较复杂，但是可以预测。

（1）森林地表火速度模型。在森林地表火速度模型研究方面，林火管理水平较高的国家，如加拿大、美国等均大力开发用于模拟火灾的森林地表火速度模型，较出名的模型主要有加拿大的国家林火速度模型、美国的 Rothermel 火速度模型、澳大利亚的 McArthur 火速度模型。加拿大国家林火速度模型依靠其能够快速、直观地展示林火的整体与局部蔓延的能力，可以较为准确地预测与点火试验相近条件下的火蔓延。美国的 Rothermel 火速度模型详细展现了影响森林地表火蔓延因子间的相互关系，是很多现有森林地表火模拟软件的基础，适用范围很广。澳大利亚的 McArthur 火速度模型多使用于草地和桉树林这两种特点的可燃物，此限制影响了其广泛应用。

我国森林地表火速度模型研究开展较晚，管理、科研水平等方面较国外相对落后。我国在森林地表火预防上以"严防死守"、在扑救上以"人海战术"、在现场指挥上以"传统守则"为基准。现阶段的主要问题是森林地表火蔓延模型研究有限，难以为预测预报和扑救控制提供有力的技术支持，可见研究森林地表火蔓延模型的重要性。虽然面临着诸多问题及困难，但我国森林地表火蔓延模型仍然取得了一定进展。20世纪70年代，王正非教授创建的"王正非林火速度模型"是中国目前应用最广的森林地表火速度模型[93]，该模型以森林地表火燃烧特性为基础，且假设坡度为平均坡度，在已知初始火速度的前提下，定义风力更正系数、坡度更正系数、可燃物更正系数，从而得出森林地表火速度。而后，毛贤敏在王正非火速度模型的基础上，总结出风和地形对林火蔓延速度作用的定量关系，经过真实森林地表火点火试验，验证了该方法具有一定的使用价值。

（2）森林地表火蔓延模型。在森林地表火速度模型的基础上研究森林地表火蔓延模型是常用的手段。20世纪70年代，在通过大量的室内外实验的基础上，Rothermel 等提出了著名的 Rothermel 林火蔓延模型及相关的计算方法。美国林火实验室的相关工作人员在 Rothermel 模型的基础上，利用计算机在存储和仿真方面的巨大优势，结合森林地表火速度模型，共同开发出预测林火行为的重要程序 BehavePlus 软件，可计算不同森林类型的林火行为。BehavePlus 软件可通过输入可燃物和环境因子相关参数，计算出林火发生的可能性大小或蔓延的相关火行为参数。BehavePlus 软件已在美国相关领域方面得到了广泛应用。除上述软件外，美国林火实验室还开发出 FARSITE、FlamMap、FirefamilyPlus 等林火预测模型。中国科学技术大学火灾科学重点实验室团队搭建室内燃烧床进行了森林地表火蔓延模型的研究，通过分别改变可燃物载量、坡向坡度、风速风向等因素进行精准试验，获得火焰高度、火焰强度等火蔓延行为特征丰富数据，其研究为室内森林地表火蔓延领域开创了新的研究方向，同时也为国内森林地表火蔓延模型的研究做出了重大贡献。东北林业大学的胡海清、孙龙、金森[94]团队以帽儿山林场内不同可燃物为研究对象，通过改变可燃物的含水率、载量、厚度等变量，在平地无风条件下，共进行上百次的室内点火试验，分析出含水率、载量、厚度等对火焰长度和火焰驻留时间的影响，建立了多元线性蔓延模型，并通过试验验证了其有效性。周国雄等[95]针对森林地表火蔓延的多相性特点，提出了一种多智能体自学习及变异算法的森林地表火蔓延模型，并通过仿真试验验证了模型的结果与实际森林地表火蔓延具有较高的相似性。杨福龙等[96]通过深入研究森林地表火蔓延行为，建立了适用计算机运算的森林地表火蔓延模型以及蔓延三维模拟仿真系统，实现了森林地表火的三维仿真研究，并将野外实地点火数据与模拟效果进行对比，结果显示此系统可以反映出森林地表火蔓延的基本规律，具有较强的应用价值。

（3）森林地表火预测模型。森林地表火预测模型是根据森林地表火蔓延模型和实测数据而建立的模型，即森林地表火预测模型是建立在蔓延模型和观测数据的基础上，对森林地表火趋势进行短时预测的模型。森林地表火预测综合气象因素、地形因素、可燃物因素，对森林地表火的蔓延趋势进行分析预测，可为森林地表火的管理、消防人员的调度提供技术支持。通过研究，得出森林地表火发生概率的预测方法不符合现阶段森林地表火蔓延研究的需求，森林地表火蔓延行为预测是一种有效的预测方法。利用森林地表火蔓延模型和动力学蔓延模型对森林地表火进行预测是常见的预测方法，该方法基于森林地表火蔓延的可燃物因素、气象因素、地理环境因素等与森林地表火蔓延的关系，以非线性动力学的方法对森林地表火的行为进行预测，包括对森林地表火速度、森林地表火蔓延轮廓面积及周长的预测。森林地表火蔓延模型依靠其较强的仿真能力，可实现火蔓延的模拟，但蔓延模型未能实现精准预测。现阶段，采用结合传感器的实测数据对蔓延模型模拟值加以修正的方法，可以有效提高模型预测的准确性，该方法是森林地表火预测模型研究的发展方向。

国外学者中，RE等创建了具有自组织的森林地表火蔓延模型，通过差分进化算法使模型参数误差最小化，并使用雅可比系数量化模拟和观测到的火灾区域差异。试验得出，通过差分进化算法后的模型预测仿真效果更佳。Nathan 等[97]融合 Rothermel 火速度模型和惠更斯扩散原理，形成了新的森林地表火蔓延模型，取红外图像中火灾边界线作为观测数据，构建代价函数，并不断迭代收敛，最终得出使观测数据与模拟结果相似性最大的最优参数组。试验证明，利用最优参数值的预测模型效果较好。Prince 等[98]将火灾监测数据作为观测数据，使用最小二乘法对林火蔓延模型 Wildfire Analyst 的结果进行实时校准，得出使模型模拟误差最小的因子值。仿真结果表明，使用此法使误差最小的因子值的预测模型具有较好的模拟结果。Ntinas 等[99]提出将传统地表火蔓延模型结合真实野火观测数据得出火蔓延反演参数的方法，试验得出此方法的预测模型具有很强的实用性。Denham 等[100]提出将一种动态数据驱动遗传算法（DDDGA）用作指导策略，该算法可根据底层传播模型和真实火灾情况，自动调整森林火灾模拟器的输入数据值。试验表明，此森林火灾蔓延预测方法与以往的算法相比，是一种重要的改进。

国内研究学者将利用实测数据对模型模拟值加以修正的方法应用到森林地表火蔓延预测中，并取得了较好的效果，相关进展得到了学者们的广泛关注。王丹[101]以王正非速度火模型为基础，结合粒子滤波算法原理，搭建了 Hadoop 森林地表火预测模型。试验结果表明了此森林地表火预测模型可以有效纠正由数据采集误差而导致的蔓延模型不准确的结果，从而提高了森林地表火预测模型的预测精度。武金模[102]以森林地表火蔓延模拟系统（DIN-FIRE）为基础，基于蒙特卡洛算法，建立了结合重采样的 DEVS-FIRE 系统模拟的预测方法，并通过试验验证了此预测方法相较于传统的静态模拟算法，具有很长足的进步。袁宏永等[103]通过利用航空影像和数字地面模型对地表火行为计算的理论和方法进行了研究，提出了利用航空影像对火焰高、蔓延速度和火场周长等火行为指标计算的数字模型和航空影像的处理办法，并对模型在实际应用中存在的问题提出了解决方案，该研究为林火的实时监控提供了理论依据。张菲菲[104]利用元胞自动机的空间建模和运算能力，在学习国内外林火模型的基础上，构建了改进的林火蔓延模型。周国雄等[105]提出了一种基于 DEVS 建模的动态数据驱动林火蔓延模型，由于动态数据具有灵活性和真实性，因此 DEVS 可以面对对象建模，使仿真趋于模块化，并在进行实际模拟时呈现了很好的模拟效果。

近年来，由于机器学习能够学习各种参数之间的非线性关系，因此受到了广泛关注，该方法也被应用到森林火灾行为的预测中。Zhai 等[106]建立了一种基于机器学习的野外火灾传播模型，用来预测短期的野火传播。该方法利用实时测量的火灾扩散速率来更新预测火灾扩散速率，提高了计算效率和预测精度。运用多层感知神经网络预测未燃烧区域的火灾扩散速率，并通过经典 BP 算法更新不同神经元之间的权值与偏差。Allaire 等[107]提出了一种混合架构的深度神经网络，该方法可以同时处理不同类型的输入数据，可用于估计不同环境条件下的火灾蔓延。输入数据包括周围景观的二维图像和燃烧参数，最终输出烧毁表面面积。王顺函等[108]采用随机森林和 XG Boost 两种集成算法对森林火灾毁坏面积进行了预测，并比较了两种算法的优势和预测效果。Liu[109]分别使用支持向量机和随机森林 K 近邻等方法，对分布空间、时间、气候指标和 FWI 系统指标进行了数据分析，用以预测森林火灾的燃烧面积。

# 4.4　森林草原火险等级划分

## 4.4.1　国外森林草原火险等级

### 4.4.1.1　加拿大森林火险等级系统

加拿大森林火险等级系统（CFFDRS）是当前世界上发展最完善、应用最广泛的系统之一。其他一些国家或地区采用该系统的模块或研究形成了自己的火险等级系统，最成功的例子是新西兰、斐济、墨西哥、美国的阿拉斯加和佛罗里达以及东南亚国家。CFFDRS 的两个主要子系统——加拿大林火天气指数（FWI）系统和加拿大林火行为预报（FBP）系统已经在全国正式运行很多年了；另外两个子系统——可燃物湿度辅助系统和加拿大林火发生预报（FOP）系统虽然存在各种区域性的版本，但还没有发展成一个全国性的版本[110]。CFFDRS 是火管理系统人员或野火研究人员制订行动指南或开发其他系统的基石。FWI 系统是全球最常用的火灾天气危险等级指数系统之一，该指标体系建立在大量点火试验、天气资料以及火灾资料的基础上，理论基础为时滞平衡含水率理论，将气象条件、地理位置、日照时数与可燃物含水率有机地联系起来[111]。该系统将可燃物含水率与火险大小有机地结合在一起，其框架得到了世界森林防火界的普遍认同[112]。FWI 系统的理论基础为时滞—平衡含水理论，可以将气象条件、地理位置、日照时数与可燃物含水率有机地联系起来。FWI 系统的输入为当日午时的温度、相对湿度、风速和 24 h 降水量，包括以下指数：

（1）细小可燃物湿度码（FFMC），由温度、降水量、相对湿度、风速计算得到；

（2）粗腐殖质湿度码（DMC），由温度、降水量、相对湿度、所处位置的纬度和当前月份计算得到；

（3）干旱码（DC），由温度、降水量、所处位置的纬度和当前月份计算得到；

（4）初始蔓延指数（ISI），由风速和 FFMC 计算得到；

（5）累积指数（BUI），由 DMC 和 DC 计算得到；

（6）火险天气指数（FWI），由 ISI 和 BUI 计算得到。

FBP 系统基于 FWI 系统的某些指标，提供对 16 种基准可燃物类型在不同地形上的火行为物理特性的数量估计。对于火场面积（面积和周长）和形状、侧翼和尾部火烧特征的估计，采用的是由单一点源引起的自由燃烧简单椭圆增长模型[113]。当前该系统还在不断地得到改善，力图成为世界上一个通用的系统。

### 4.4.1.2 美国森林火险等级系统

1972年，美国开始使用国家火险等级系统（NFDRS），并于1978年和1988年分别对早期的系统进行了修改。当前的系统是基于燃烧原理和实验室试验发展的物理模型。模型采用的常数和参数反映了各种可燃物、天气、地形和危险条件之间的关系。1972年，Burgan、Deeming、Cohen等研发了第一代美国国家火险等级系统，以火险天气、地形条件等因素为指标，运用诸模图等方法，进行蔓延组分、火灾发生指标、点燃组分、火负荷指标、燃烧指标、能量释放组分的人工计算。1975年，为加快计算速度，减少人工计算出错率，美国又建立了国家林火信息管理系统，进行自动化计算。1978年，美国在对国家级森林火险等级系统进行了多方面改进后，正式发布了该系统，并投入使用。1988年，美国又一次对该系统进行了改进，加入了干旱指数等因素，提高了预报的精确度。如今，美国国家级森林火险等级系统在天气信息管理系统、火灾天气系统、家庭防火等系统的支撑下，形成了成熟的森林防火产品体系。用户可以在美国国家跨部门消防中心（NIFC）、美国国家林业局（USFS）、美国国家海洋和大气局（NOAA）等部门网站查询过去、当前以及未来一段时间内的火险等级、可燃物湿度、KBDI干旱指数、火行为要素、防火指标等一系列火险评估要素[114]。

当前，可通过三种不同类型的系统来产生NFDRS的输出结果，分别是天气信息管理系统（WIMS）、Fire Weather Plus and Weather Pro和Fire Family Plus。远程自动气象站（RAWS）把每小时的天气数据不断地传送和存储到WIMS中。野火管理人员可以通过计算机网络系统获得NFDRS信息。网站展示每日的美国大陆相关火险图，包括火险等级（基于地方站管理人员输入到NFDRS）、死可燃物和活可燃物湿度、干旱指数、Haines指数和Burgan潜在火指数；还可以得到每周和存档的可视绿度和相对绿度卫星图像以及距平值。NFDRS的计算结果有两种输出形式，分别是中间输出因子和观测实际火险的指数与组分。中间输出因子作为计算下一日指标的"基石"，包括草本可燃物湿度、木质可燃物湿度和死可燃物湿度；指数和组分包括点燃组分、蔓延组分、释放能量组分、燃烧指数和KBDI。

### 4.4.1.3 澳大利亚森林火险等级系统

McArthur根据水平地形上具有少量可燃物的标准干旱森林的火蔓延速度，预测在不同天气条件下的扑火困难程度，发展了一个森林火险等级系统。自20世纪50年代后期以来，这一火险等级系统作为标准森林火险等级系统，在澳大利亚东部得到了应用。该系统在随后的10多年里得到了发展和完善，输入因子包括长期干旱指数、最近的降雨、温度、相对湿度和风速。1967年，McArthur森林火险尺（FFDM）作为Mk4FFDM，第一次用于实际工作中。1973年，出现了改进的FFDM，自此以后，FFDM被广泛接受并应用于澳大利亚所有的乡村消防局（除了 WA）和气象局。这一火险尺是为通用的预报目标而设计的，可预测细小可燃物载量 $12.5 \text{ t/hm}^2$、水平或稍有起伏地形上的高大桉树林未来一段时间的火烧行为。

McArthur 为草地火发展了一个单独的火险等级系统（GFDM）。综合考虑大气温度、相对湿度、风速和影响干旱的长期因子和短期因子，GFDM 给出了一个有关火发生、火蔓延速度、火烧强度和扑救困难的火险指数。McArthur 森林火险等级系统包括四个子模型，分别是有效细小可燃物模型（干旱因子）、地表细小可燃物湿度估计模型、火蔓延模型和"扑救困难"模型。该系统认为，地表细小可燃物含水率和风速是影响稀疏桉树林火蔓延的两个最重要因子，可根据火蔓延速度和细小可燃物湿度的关系来估计林火扑救的困难程度。

自从火险等级系统在 20 世纪 50 年代和 60 年代出现以来，澳大利亚的火行为预测技术发展相对较慢。在澳大利亚，McArthur 对坡度与火蔓延规律的描述和诺模图、表格和图形一同被用来预测野火的蔓延。当前，CSIRO 的林火行为和管理研究组已经研制出了 Siro-Fire 计算机辅助决策系统，用来帮助扑火人员预测一定天气条件下的火蔓延。它是根据 McArthur 森林和草地火险尺与新的 CSIRO 草地火险尺而发展起来的，可根据扑火人员输入的可燃物和天气信息，采用火险尺的算法估计可能的火行为特征。SiroFire 使用的信息包括温度、相对湿度、风速和风向、可燃物载量及其条件、草成熟度、坡度和可选择的火蔓延模型，可用来预测野火蔓延和绘制火场边界图。McArthur 森林火险尺的优势是简单易用。计算机预测系统的缺点在于，采用经验模型预测的结果只能对基础数据范围内的预测结果有效，这是因为只能获得有限的大火数据用于建立模型，并且建立气象因子观测数据和可燃物与火行为参数之间的关系模型的前提假设也不完善。Cheney 对火险等级系统做出了评论，认为它仍然是一个有效和有用的火险等级系统，但是它对火行为的预测不能覆盖澳大利亚东部和南部的可燃物类型、天气和地形条件。

#### 4.4.1.4　韩国森林火险等级系统

韩国针对本国森林火灾的特点，开发出适用于韩国地区的国家森林火险等级预报系统（KFFDRI）。KFFDRI 以韩国 1997~2001 年的森林火灾历史数据及同期气象数据和 126 次火灾现场调查数据为基础，建立了基于气象因子、可燃物因子和地形因子的半机理半统计模型，进行林火等级的预报[115]。

KFFDRI 的输入包括三大类，即气象数据、可燃物类型和地形数据。气象数据包括每日的最高温度、最大风速、平均风速、相对和时效湿度，结合森林火灾历史数据建立 Logistic 回归模型，计算每日的火险天气指标（DWI），并以此建模分析气象因子对于森林火灾发生的影响；可燃物类型即为林分类型，根据 126 次森林火灾现场调查资料，统计每种类型的森林火灾发生率，再根据森林火灾发生率，确定可燃物模型指标（FMI），并以此建模可燃物类型对于森林火灾发生的影响；地形数据包括坡位、坡向和坡形，对森林火灾现场调查资料进行统计分析，确定地形模型指标（TMI），并以此建模地形因子对森林火灾的影响。最后，依据专家经验赋予 DWI、FMI 和 TMI 不同的权重值，以计算每日森林火险等级指标。

### 4.4.2　国内森林火险等级系统

我国对于森林火险等级的划分早期主要参考美国、加拿大的森林火灾预报模型，通过引入其他国家的森林火灾预测研究成果，结合我国实际，不断开展本土研究。1995 年，国家林业局制定并发布了林业行业标准《全国森林火险天气等级》（LY/T 1172—1995）。1998 年，中国林业科学研究院资源信息研究所使用气象数据和森林火灾风险因子数据，建立了以县为单位的全国森林火险天气预报和森林火险预报。1999 年，中国气象局、林业局联合启动开展国家级森林火险气象等级预报预警业务。2007 年，中国气象局、林业局制定并发布了气象行业标准《森林火险气象等级》（QX/T 77—2007）。然而在实际应用中发现，上述两个行业标准存在等级与指数定义模糊、不利于使用等诸多问题，导致这两个行业标准在实际应用中达不到预期的效果。为解决这一问题，经过 2015 年到 2018 年三年的制定与修改，由国家市场监督管理总局和中华人民共和国国家标准化管理委员会发布了新的标准《森林火险气象等级》（GB/T 36743—2018）并于 2019 年开始实施。

在探索过程中，除了国家制定的统一标准，不少学者也先后提出了自己的林火风险预测方法。王正非于 1988 年提出三指标林火预报法[116]，后又于 1992 年提出通用森林火险等级系统[117]。在该系统中，王正非用日燃烧指标作为衡量日火险等级指标，将日燃烧指标划分为五个数值区间，分别代表 1~5 级的森林火险等级，日燃烧指标可以根据日最高气温、中午平均风速、日最小湿度三个数据进行计算。尹海伟等选取植被类型、海拔、坡度、坡向和离居住区远近作为主要林火影响因子，采用因子加权叠置法，对研究区森林火险情况进行了定量评价，将火险等级分为无、低、中、高和极高五类，同时证明了火险区划结果具有较高的可靠性[118]。刘祖军等选取地物类型、坡度、海拔、坡向和离居住区远近作为林火评价主要因子，采用层次分析法和综合评价法，对研究区域森林火险情况进行了定量评价。按火险等级，将全区分为五类火险区，实现了研究区森林火险等级的区划[119]。周伟奇等根据我国北方草原的生态和环境特点，综合影响草原火灾发生和发展的因子，选择温度、相对湿度、风速、降水量、枯草率、可燃物干重和草地连续度共七个基本指标，构造了基于遥感的草原火险指数。根据计算得到的草原火险指数，将研究区域的火险状态划分为低、中、高和极高四个等级，用来预测草原火灾发生的可能性、扩展速度和扑灭难度[120]。赵鹏武等基于2003~2018 年我国全国各地的森林火灾数据，利用统计描述法对全国森林火灾进行了时空特征分析，并采用聚类分析法对我国受灾区域进行等级划分，进而对全国森林火险区划进行评价。通过聚类分析，将我国各省市区按受灾强度划分为10 类[121]。王磊等通过考虑多种火险因素，构建了 BP 神经网络预测模型，以提高预测精度，并在此基础上，借助粒子群算法加快 BP 神经网络的收敛速度，进而提出一种混成的多因素森林火险等级预测模型。其所构建的预测模型能够同时考虑气候因素（日最高气温、日平均气温、24 h 降水量、连旱天数、日照时数、日平均相对湿度、日平均风速）、地形地貌因素（海拔、坡度、坡向、土壤含水量）、可燃物因素（植被类型、可燃物含水率、地被物载量）、人为因素（人口密度、距人类活动区域的距离）16 个变量，能够开展有效的火险等级预测[122]。

### 4.4.3　森林火险区域的划分

自 20 世纪 20 年代初起，国际上就有了对于森林火灾危险性等级划分的研究。20 世纪末，随着科学技术的迅速发展，对于林火有了更加深入的研究，并在此基础上提出了以林火为主要特征的中长期林火管理方案，森林火险区划就是其中之一。

美国、苏联、加拿大等国家在森林火灾危险性等级划分方面的技术比较成熟。从 1940 年开始，苏联便已依据纬度带将欧洲部分区域划分为四月、五月、六月三个火灾带。20 世纪 50 年代以后，苏联根据不同的纬度分区，基于气温、湿度等气候因子，对不同地区的森林火灾危险性进行了分类。1970 年，美国通过国家绿地资源卫星镶嵌图，获取了"地形""气候"和"植被"三个森林火灾危险因素，并采用人工判读的方法对美国大陆地区进行了森林火灾危险性分区，形成了"非标准"的"森林火灾危险性分区"。由于这种方法既不需要对资料进行统计分析，也不需要对具体的数量化指标进行量化，因此基本上是一种定性的分区。自 20 世纪 80 年代起，加拿大就以特定的可燃物质种类及数学模式为判别因素，依据气象条件及林地条件，建立了林火危险天气指标体系，并据此对加拿大进行了林火危险性指数的划分，得到了加拿大森林火险区划图。

上述各国所涉及的森林火险区划内容基本上是短期森林火险预报系统的组成部分。也有很多学者对森林火险区划做出了研究。Puri K 等通过卫星遥感技术，得到印度东北部和东南部的森林火灾地区影像图。利用 Arc GIS 软件来处理土地覆盖、植被类型、数字高程模型、坡度、纵横比以及与道路和居民点的接近程度等影响因素，并用各种火行为因素模拟森林火灾危险区，根据不同火行为因素下森林的着火能力与对火的敏感性，使用加权和建模对火灾区域进行了分类。Ziccardi 等[123]对三种半落叶植被森林的火灾危险性指标进行了分析，同时结合历史火灾事件，运用地理信息系统建立了火灾危险性区划图。Akay A E 等利用 GIS 技术、综合森林植被结构（树木种类、树冠封闭、树木生长阶段）、地形特征（坡度和海拔）以及气候参数，将土耳其地中海沿海地区归类为四种火灾风险类别，即极端风险、高风险、中度风险和低风险。研究结果表明，该地区有 23.81% 的面积处于极端危险之中，25.81% 的面积处于高度危险之中。Lia Duarte 等根据葡萄牙林业局制定的森林火险分布地图制作方法，使用 QGIS 程序建立了一个免费开放源代码的森林火灾风险分布地图模型，该模型涉及敏感性图、危害图、脆弱性图、经济价值图和潜在损失图，并对该模型在葡萄牙圣塔玛丽亚·达·费拉自治市进行了测试，得出自治区的 40% 属于"非常高"或"高度"火灾危险类别的结论[124]。

开展林火危险性分区，对于林火防治具有十分重要的意义。目前，国内对于森林火险的分区主要是通过 AHP、聚类分析等方法计算出各个因素对森林火险的综合影响度，并以各个因素的影响度权重为依据进行分级。20 世纪 50 年代初，基于美国、苏联和加拿大三个国家关于森林火灾危险性的等级划分，我国开展了森林火灾危险性等级划分的工作。在此基础上，对林火与气象要素之间的关系进行分析，并对不同类型的林火风险进行预测。

郭怀文等[125]对福建三明地区 2000 年到 2009 年的林火数据进行了分析，并运用聚类分析的方法对当地的林火情况进行了区划，最终得到四个等级的火险区划结果。苗庆林等[126]选取了影响森林火险的静态因子指标，利用可燃物和当地地形数据进行了分析，得到了徂徕山林场森林火等级区划图，为徂徕山林场的森林防火工作提供了科学的参考。高祥伟等[127]利用 DEM 和 SPOT5 影像，选取了植被类型和地形因子作为火险影响因子，利用 Arc GIS 数据重叠功能和加权叠加法，得出了连云港花果山森林火险区划图，并利用森林火险区划结果、天气和火源分析，得出可视化的森林火险预报。巨文珍等[128]依据防城港市的实际情况，选取了与森林火灾相关度最高的 11 个因子，采用层次分析法计算得出各个影响因子的权重，并综合森林资源载量，将研究区划分为一级、二级、三级三个等级的森林火险区。张恒等[129]采用数据分析法和聚类分析法，对树种燃烧类别、人口密度、路网密度、防火期月平均降水量、气温，以及风速六项火险因子进行了分析研究，并运用 GIS 软件空间数据库中的图像叠加，对内蒙古巴林右旗的火险等级进行了区划。邓欧、李亦秋等[74]取得了黑龙江省 2000~2010 年 MODIS 火烧迹地遥感数据集，同时在遥感技术和地理信息系统技术的支持下，进行了林火分布的空间结构构建，并对林火影响因子进行了分析，最终构建了 Logistic 森林火险区划模型。张恒等[130]提取了内蒙古巴林右旗六个火险因子数据，并利用数理统计方法和聚类分析法，得出了各个乡镇的森林火险等级和森林火险区划图。

# 4.5    基于 Stacking 集成学习的林火预测模型

机器学习致力于研究如何利用经验和计算手段来改善系统自身的性能。Mitchel（1997）对机器学习的定义是：对于一个计算机程序在某个任务类 T 上的性能评估指标 P，当该程序通过利用经验 E 在 T 中的任务上实现了性能改善时，则称该程序对于任务类 T 和性能评估指标 P，学习了经验 E。在计算机系统中，"经验"通常以"数据"的形式存在。

多数火险预测都是以概率方法、统计方法为主的，虽然也取得了不错的预测结果，但面对林火数据的日益增加以及大数据和人工智能技术的逐渐发展，已经显现出不足。而随着计算机算力的提升和机器学习的发展，各类机器学习方法在火险预测方面的研究，相较于概率方法和统计方法，取得了更好的预测结果。本书基于可燃物影响因子、气象因子和地形对森林火灾的影响作用，采用机器学习中的集成学习算法，建立了林火预测模型，以预测森林火灾过火面积。

## 4.5.1    林火预测模型建立流程

### 4.5.1.1    集成策略和学习器优选

近几十年来，集成学习由于其解决实际应用问题的高效能力，在机器学习领域受到了极大的关注。基本过程是：（1）生成一系列不同的学习器；（2）采用某种模型集成方法将学习器结合使用，以提高模型的预测能力、泛化能力等。Boosting、Bagging、Stacking 和 Blending 是集成学习中最常用的方法。其中，Boosting、Bagging 使用同类学习器进行集成，Stacking、Blending 可实现异类学习器集成。此外，Stacking 采用 K 折交叉验证，学习器使用所有数据进行训练，当数据量不大时，它比 Blending 更加稳健。

Stacking 的全称是 stacked generalization，由 Wolpert 于 1992 年提出。其核心思想是"对基础学习器进行交叉验证训练，以基础学习器的输出结果形成训练集训练元学习器，预测结果由元学习器输出"，"基础学习器和元学习器是 Stacking 模型的核心，学习器的选择和组合是 Stacking 模型融合的关键"。如果采用多层 Stacking 学习器框架，由于可用的学习器和组合数量众多，因此很难确定最佳的 Stacking 方法，并且多层 Stacking 模型融合后的性能改进是有限的。因此，本书选择了一个基于 Stacking 的双层学习器框架，并选择合适的基础学习器、元学习器进行组合，构建预测融合模型，以提高模型的预测和泛化能力。

为了达到优于所有成员的组合效果，基础学习器的选择应遵循准确性和多样性的原则。Stacking 中具有高精度的常见基础学习器包括 GradientBoosting（GBoost）、XGBoost（XGB）、LightGBM（LGB）、RandomForest、ANN 等。林火预测模型需要快速处理大量不同类型的数据。在这些学习器中，GBoost 可以灵活处理各种类型的数据，包括连续值和离散值；XGB 可以实现树的并行操作，大大提高了算法训练和预测的速度；LGB 不仅占用内存低，而且具有处理大数据的能力。因此，本书选择这三个学习器作为 Stacking 的基础学习器。Stacking 的元学习器最好是一个简单的模型，如 Ridge 回归、Lasso 回归，以防止整体模型的过度拟合。Ridge 回归和 Lasso 回归可以识别模型中不重要的变量，并简化模型。与 Ridge 回归相比，Lasso 回归可以将一些不重要的回归系数降为 0，以消除变量。因此，本书选择 Lasso 回归作为 Stacking 的元学习器。

综上所述，本书集成学习的结构如图 4-20 所示。

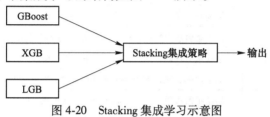

图 4-20    Stacking 集成学习示意图

### 4.5.1.2    模型建立流程

模型具体建立流程如图 4-21 所示。首先从 UCI 网站获取数据，并对数据进行标准化处理；其次对数据进行多重共线性检验，制作学习数据集；然后采用网格搜索法优化 XGB、LGB 和 GBoost 模型；接着采用 Stacking 集成策略建立林火预测模型；最后随机抽取 20% 样本进行模型测试。

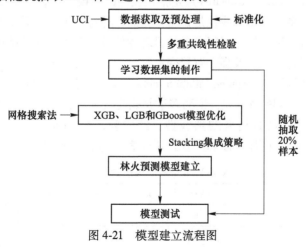

图 4-21    模型建立流程图

## 4.5.2    多重共线性检验

由于对模型进行训练需要大量相对完备的历史数据，而在我国很难找到此类森林火灾的数据集，因此本书选用来自葡萄牙 Montesinho 国家森林公园的 2000 年 1 月至 2003 年 12 月的真实火灾数据集。数据集共收集了 13 个变量，517 个条目。其中，FFMC、DMC、DC、ISI 四个变量来自加拿大森林火险等级系统的 FWI 子系统，每个变量的名称及含义见表 4-2。

表 4-2    森林火灾数据集中变量的含义

| 序号 | 变量名 | 含　义 |
|------|--------|--------|
| 1 | X | Montesinho 公园地图中的 $x$ 轴空间坐标：1~9 |
| 2 | Y | Montesinho 公园地图中的 $y$ 轴空间坐标：2~9 |
| 3 | month | 月份：1~12 |
| 4 | day | 星期：1~7 |
| 5 | FFMC | 精细燃料水分代码，来自 FWI 系统的 FFMC 指数：18.7~96.20 |
| 6 | DMC | 达夫水分代码，来自 FWI 系统的 DMC 指数：1.1~291.3 |
| 7 | DC | 干旱代码，来自 FWI 系统的 DC 指数：7.9~860.6 |
| 8 | ISI | 初始扩散指数，来自 FWI 系统的 ISI 指数：0~56.10 |
| 9 | temp | 温度：2.2~33.30 ℃ |
| 10 | RH | 相对湿度百分比：15.0%~100% |
| 11 | wind | 风速：0.40~9.40 km/h |
| 12 | rain | 降雨量：0~6.4 mm/m² |
| 13 | area | 森林被烧毁的区域：0~1090.84 hm² |

多重共线性（multicollinearity）是指在线性回归模型中，解释变量之间存在某种密切相关的关系。多重共线性是普遍存在的，通常情况下，适度的共线性不成问题，但严重的共线性会导致解释变量的显著性检验失去意义及模型估计产生一定偏差甚至无效。因此，在涉及多个解释变量时，应首先对其进行多重共线性检验。本书运用方差膨胀因子（variance inflation factor，VIF）诊断法对解释变量进行多重共线性检验。通常，VIF 值越大，说明多重共线性就越显著，一般认为当 VIF 大于 10 时，解释变量之间具有显著的共线性。经检验，X、day、DMC、DC、ISI、RH、wind、rain 共 8 个影响因子的 VIF 小于 10（表 4-3），据此制作数据集。

表 4-3    8 个影响因子的 VIF 值

| 变量 | X | day | DMC | DC | ISI | RH | wind | rain |
|------|------|------|------|------|------|------|------|------|
| VIF 值 | 4.50 | 4.82 | 7.96 | 9.48 | 5.32 | 7.15 | 5.40 | 1.03 |

### 4.5.3    XGB、LGB 和 GBoost 模型算法及优化

#### 4.5.3.1    XGB、LGB 和 GBoost 模型算法

XGB 算法的核心原理就是每一次迭代都是在训练上一棵决策树的错误结果，

以不断减小残差，并在残差减少的方向上建立一个新的决策树。在 XGB 计算过程中，进行 $t$ 次迭代的模型目标函数如式（4-10）所示。其中，$\hat{y}^{(t-1)}$ 表示前 $t-1$ 轮的预测结果；$f_t(x_i)$ 为一个新的函数；$C$ 为常数项；$\Omega(f_t)$ 为回归树正则化项，表达式如式（4-11）所示；$\gamma$ 与 $\lambda$ 为控制叶子结点数与结点权重的超参数；$T$ 表示回归树的叶子结点总数；$w_j$ 为叶子结点的权重。

$$L^t = \sum_{i=1}^{n} L\big[ (y_i, \hat{y}^{(t-1)}) + f_t(x_i) \big] + \Omega(f_t) + C \tag{4-10}$$

$$\Omega(f_t) = \gamma T + \frac{1}{2}\lambda \sum_{j=1}^{T} w_j^2 \tag{4-11}$$

XGBoost 在梯度下降的过程中，可以先不确定损失函数，而依靠输入的数据进行叶子分裂优化计算。式（4-12）和式（4-13）定义的 $G_j$ 和 $H_j$ 分别表示叶子结点 $j$ 所包含样本的一阶偏导、二阶偏导累加之和。假设决策树结构已经固定，则可解出 $w_j$，如式（4-14）所示，再对目标函数进行泰勒二阶展开，得到目标函数的最优目标值，如式（4-15）所示。

$$G_j = \sum_{i \in I_j} g_j \tag{4-12}$$

$$H_j = \sum_{i \in I_j} h_j \tag{4-13}$$

$$w_j = -\frac{G_j}{H_j + \lambda} \tag{4-14}$$

$$L^{t+1} = -\frac{1}{2} \sum_{j=1}^{T} \frac{G_j^2}{H_j + \lambda} + \lambda T \tag{4-15}$$

LightGBM 是一种基于决策树算法的梯度增强框架，它采用了梯度单边采样技术和独立特征合并技术，避免了低梯度长尾部分的影响，实现了特征捆绑，减少了特征数量。LightGBM 选择 Leaf-wise 策略，不断从每次分裂中选取最佳叶子（如图 4-22 所示），相比于 Level-wise 有更准的精度。对于样本数量过少时出现的过拟合，可以通过调节参数 max_depth 以限制决策树的深度来避免。

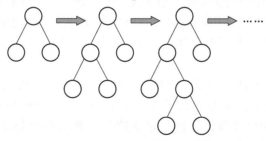

图 4-22　Leaf-wise 生长策略

1999 年，Jerome H. Friedman 提出了著名的 Gradient Boosting 算法，此后他对

此算法进行了修改，进一步提高了该算法的准确率及性能。与其他 Boosting 算法一样，Gradient Boosting 使用迭代优化。不同之处在于，它使用损失函数梯度下降的方向进行迭代，来保证模型可以不断改进。其中，损失函数表示模型拟合值与实际值之差。Gradient Boost 算法的残差如下所示：

$$-\frac{\partial\left(\frac{1}{2}\left(y-F_k(x)\right)^2\right)}{\partial F_k(x)} = y - F_k(x) \tag{4-16}$$

式中，$y$ 为真实值；$F_k(x)$ 为预测值，计算式如下：

$$F_k(x) = F_{k-1}(x) + f_k(x) \tag{4-17}$$

式中，$f_k(x)$ 为是基学习器与对应权重的乘积。

Gradient Boosting Regressor 模型是 Gradient Boost 算法的集成模型。因为 Gradient Boosting Regressor 模型是根据残差进行更新的，所以它对异常值非常敏感，为了避免过拟合，一般使用绝对损失函数（式（4-18））或者 Huber 损失函数（式（4-19））来代替平方损失函数。

$$L(y,F) = |y - F| \tag{4-18}$$

$$L(y,F) = \begin{cases} \frac{1}{2}(y-F)^2, & |y-F| \le \delta \\ \delta\left(|y-F|-\frac{\delta}{2}\right), & |y-F| > \delta \end{cases} \tag{4-19}$$

#### 4.5.3.2　XGB、LGB 和 GBoost 模型优化

机器学习模型里需要人工选择的参数称为超参数，如果超参数选取得不合适，模型就会出现欠拟合或过拟合。选择超参数有两种方法，一种是根据经验进行微调；另一种是选择不同大小的参数将其纳入模型，并选择性能最佳的参数。微调的一种方法是手动调节超参数，直到找到良好的超参数组合，这种方法十分耗时，可以使用 Scikit-Learn 的 GridSearchCV 来做这项搜索工作。网格搜索的对象是参数，这些参数在指定的参数范围内逐步调整，调整后的参数用于训练学习器，并从所有参数中找到验证集上精度最高的参数，这实际上是一个训练和比较的过程。GridSearchCV 可确保在指定的参数范围内找到最精准的参数，因此，本书基于 Anaconda 机器学习平台建立 XGB、LGB、GBoost 学习器，并采用网格搜索法优化模型。

采用 GridSearchCV 对 XGB、LGB、GBoost 模型进行优化，以 XGB 模型为例，XGBoost 模型中存在着大量的超参数，其中一部分来自 XGBoost 算法本身，另一部分则来自决策树，这些超参数会对算法整体精度和预测效果产生直接的影响，优秀的超参数组合能够进一步地提升 XGBoost 模型的性能。优化过程如下所示：

（1）设置初始值。XGB 模型各参数的初始值设置见表 4-4。

**表 4-4　XGB 模型各参数的初始值**

| 参数名称 | 初始值 | 参数名称 | 初始值 |
|---|---|---|---|
| n_estimators | 500 | max_depth | 5 |
| min_child_weight | 1 | gamma | 0 |
| subsample | 0.8 | colsample_bytree | 0.8 |
| reg_alpha | 0 | reg_lambda | 1 |
| learning_rate | 0.1 | | |

（2）调参。XGB 模型各参数的调参顺序、范围及步长见表 4-5。

**表 4-5　XGB 模型各参数的调参顺序、范围及步长**

| 调参顺序 | 参数名称 | 数值范围 | 步长 |
|---|---|---|---|
| 第一次 | n_estimators | $[50,800]$ | 1 |
| 第二次 | max_depth | $[1,10]$ | 1 |
| | min_child_weight | $[1,6]$ | 0.01 |
| 第三次 | gamma | $[0,0.4]$ | 0.01 |
| 第四次 | subsample | $[0.7,1]$ | 0.01 |
| | colsample_bytree | $[0.4,1]$ | 0.1 |
| 第五次 | reg_alpha | $[0.1,3.5]$ | 0.1 |
| | reg_lambda | $[0.5,3]$ | 0.1 |
| 第六次 | learning_rate | $[0.01,0.2]$ | 0.01 |

（3）优化后结果。XGB 模型各参数的优化结果见表 4-6。

**表 4-6　XGB 模型各参数的优化结果**

| 参数名称 | 优化结果 | 参数名称 | 优化结果 |
|---|---|---|---|
| n_estimators | 50 | max_depth | 2 |
| min_child_weight | 1 | gamma | 0 |
| subsample | 1 | colsample_bytree | 0.9 |
| reg_alpha | 2.7 | reg_lambda | 1.8 |
| learning_rate | 0.01 | | |

## 4.5.4　模型训练和测试

### 4.5.4.1　模型训练和测试原理

模型训练过程中，每个模型都将进行 K-Fold 预测。K-Fold 的训练过程如图 4-23 所示，首先将数据集划分为 K 个部分，然后将每个部分分别作为测试集，其余部分作为训练集，训练 $K$ 次，最终结果的准确度或值是这 $K$ 个结果的平均值。

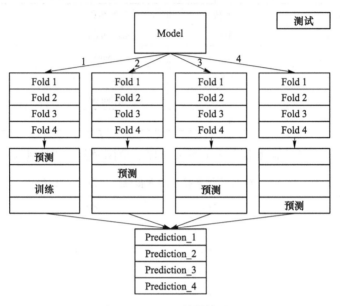

图 4-23　K-Fold 的训练过程

　　每个模型都做一个 K-Fold 预测之后的结果如图 4-24 所示。第一层模型经过 K-Fold 训练后得到的所有数据成为 Model_($n$+1) 的训练集。但 Model_($n$+1) 只有训练集，没有测试集。所以在最开始，就需要将整体数据分为测试集和训练集。最终，Stacking 的整体结构如图 4-25 所示。

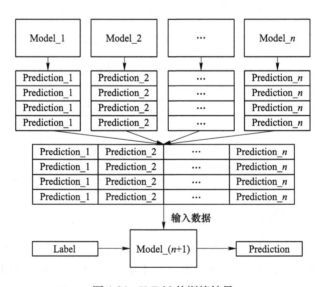

图 4-24　K-Fold 的训练结果

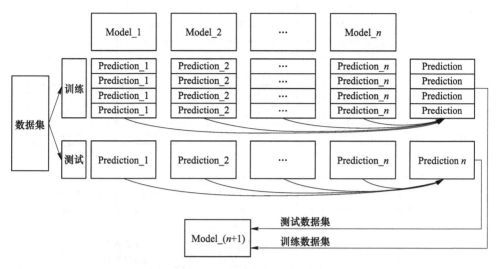

图 4-25 Stacking 中 K-Fold 的训练过程

本研究中，模型的训练和测试如图 4-26 所示。XGB、LGB 和 GBoost 算法为 Stacking 的基础学习器。为了防止模型的过拟合，使用五重交叉验证方法来训练基础学习器。以 XGB 算法为例，在具体的训练过程中，训练集被分成五个相等的部分。其中，四份数据在 XGB 上进行训练，训练后的模型用于预测剩余的一份数据，总共获得了五个 XGB 预测结果。基础学习器 LGB 和 GBoost 的训练过程也是相同的。基础学习器获得的预测结果被用作新的特征参数，并与预测目标组合作为新的训练集。元学习器的 Lasso 回归模型通过学习训练集为基础学习器的预测结果分配权重，从而使预测结果更加准确。模型训练时，误差值的计算采用预测疏散时间与实际疏散时间之间的平均绝对误差（MAE）。如式（4-20）所示，y_pred_i 为第 i 个样本的预测疏散时间，y_true_i 为第 i 个样本的实际疏散时间。至此，训练过程结束。

$$\text{score} = \frac{1}{m} \sum_{i=1}^{i=m} \left| \text{y\_pred\_}i - \text{y\_true\_}i \right| \tag{4-20}$$

各基础学习器经过五折交叉验证得到的每一个模型分别对测试集数据进行预测，预测结果取平均后作为特征参数，由 Lasso 元学习器进行预测，并作为最终的预测结果输出。

#### 4.5.4.2　模型验证

本书共设置数据集 517 个样本，误差值的计算依据是采用预测森林火灾过火面积和真实过火面积之间的平均绝对误差。基于 Anaconda 机器学习平台采用网络搜索法优化 XGB、LGB、GBoost 学习器。为提高预测模型的准确性，基于 Stacking 策略集成 XGB、LGB、GBoost 学习器建立过火面积预测模型。结果见

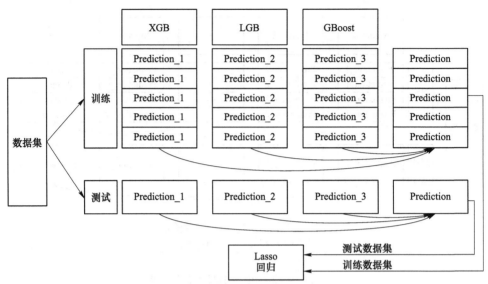

图 4-26　林火预测模型的训练和测试过程

表 4-7，模型在训练集上最终的平均绝对误差为 16.50，标准差为 2.58，模型最终的结果比模型优化前的结果更准确。

**表 4-7　模型优化结果**

| 模型 | MAE | STD |
| --- | --- | --- |
| 元模型 | 17.00 | 2.68 |
| 优化后模型 | 16.50 | 2.58 |

表 4-8 展示了部分预测和学习数据集实际过火面积的对比。如图 4-27 所示，通过预测模型找出预测过火面积和实际过火面积差距范围较大的值，发现大火灾预测效果比小火灾预测效果差，这是因为大火灾发生发展过程更加复杂，最后形成的过火面积也更加难以预测。因此，该模型在小火灾情况下可以达到较好的预测效果。

**表 4-8　部分预测结果与实际结果对比**

| 序号 | 实际过火面积/hm$^2$ | 模型预测过火面积/hm$^2$ |
| --- | --- | --- |
| 200 | 11.53 | 14.14 |
| 201 | 12.10 | 12.24 |
| 202 | 13.05 | 12.87 |
| 203 | 13.70 | 9.27 |
| 204 | 13.99 | 12.24 |
| 205 | 14.57 | 14.18 |
| 206 | 15.45 | 13.99 |
| 207 | 17.20 | 14.47 |

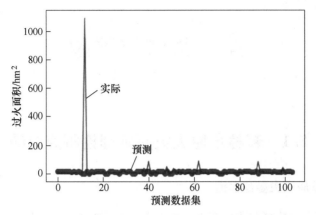

彩色原图

图 4-27 实际过火面积与预测过火面积预测数据集
（蓝色为实际过火面积，红色为预测过火面积）

# 5 总结与展望

## 5.1 森林草原火灾蔓延理论研究总结

### 5.1.1 森林草原火灾蔓延模型

森林草原火灾蔓延与火灾预防、扑救等工作关联密切，是林火行为研究的一个重要方面。森林草原火灾蔓延理论研究以火灾蔓延模型的建立与改进为主。模型按照对森林草原火灾蔓延本质的认识程度分为经验模型、物理模型、半经验半物理模型三类。

经验模型不涉及物理机制，该模型建立在大量的实际森林草原火灾的资料基础上，有可靠的置信度[131]。比较经典的经验模型为加拿大林火蔓延模型和澳大利亚 McArthur 模型。加拿大林火蔓延模型是经过 290 次点烧试验的统计模型，通过现场的火灾情况或者试验模拟收集数据进行分析从而建立模型，它不考虑影响火蔓延的其他因素，但可以帮助研究人员认识林火行为的各个过程。澳大利亚 McArthur 模型是通过试验多次点烧获得的模型，除了可以预测火险天气外，还可以对一些重要的火险行为提供定量的参数，但此模型仅用于草地或者桉树林，具有局限性，适用于我国南方地区的森林火灾预防。

物理模型最早由 Fons 提出，虽然他的模型过于理想化，但把林火蔓延抽象成一个纯物理问题来研究这一思路为人类提供了一条认识林火蔓延的一般规律的途径。常见的物理模型有 FIRESTAR 模型和 Albini 模型。FIRESTAR 模型利用宏观守恒定律建立模型，主要研究了松针燃料床的蔓延速度，认为林火是作用在具有异质性森林可燃物上的化学反应和热辐射流。该模型没有考虑气体和固体颗粒之间的热力学平衡。Albini 模型提出野外燃料中的林火蔓延着火温度下的稳定纵向传播速度。该模型涉及荒地燃料中蔓延的自由燃烧火灾的传热过程，不仅点火界面预测的形状是合理的，而且还能预测火焰的几何形状和源辐射特性，主要适用于灌木丛和树冠火。

在物理模型和经验模型的基础上，在林火行为物理机理的指导下，研究者将物理模型和经验模型相结合，进行实验获取实验数据，建立了半经验半物理模型，常见模型有王正非模型[132]和 Rothermel 模型[133]。王正非模型是将大兴安岭和四川省的数百次火烧实验数据与物理理论分析相结合而建立的，是我国普遍应用并得到广泛认可的模型，但由于实验的局限性，只适用于坡度小于60°的林火。因为 Rothermel 模型的可燃物较为均匀，所以可依据热传导公式对林火蔓延的初始速度进行求解。由于该模型是从林火蔓延的主要机理出发，因此模拟效果较好，是一个较为抽象容易推广的模型。

上述几种经典模型中，Rothermel 模型的使用范围最广，因此近年来许多学者在其基础上进行了模型的改进和修正。国内学者苗双喜在模型的应用中优化了模型的算法，完成了对该模型蔓延范围的割裂问题的改正；姚艳霞通过耦合Rothermel 模型与粒子系统，实现了森林火灾蔓延的精确计算和动态模拟结果的可视化表达。在国外，FARSITE、BehavePlus 等林火蔓延模型以 Rothermel 模型为基础[134]。

除此之外，机器学习因为可以学习各种输入参数的非线性关系而受到关注，研究者利用该理论将机器学习应用到了森林火灾蔓延预测当中，基于深度学习的林火行为研究已经实现了对烧毁表面积、火灾扩散速度的预测，并表现出良好的准确率和计算效率。随着人工智能与深度学习的发展，还出现了利用无人机的实时预测[135]、利用元胞自动机的三维可视化预测以及基于卷积神经网络的林火蔓延预测等与计算机结合的林火蔓延预测模型的研究[136-137]。

### 5.1.2  林火蔓延的模拟方法

进行林火蔓延的模拟仿真，需要考虑地形、植被和林火数据在计算机中的实现方式。目前，根据原始数据的不同，常用的模拟方法主要有元胞自动机模拟法和基于 Huygens 原理的模拟法，其中元胞自动机原理主要适用于栅格数据，Huygens 原理模拟适用于矢量数据。

元胞自动机是定义在一个离散、有限状态的元胞空间上，按照一定的规则，在离散的时间维上演化的动力学系统。元胞自动机可从更加微观的角度来很好地预测林火行为，且具有算法快速的特点。基于元胞自动机的模型的特点有：

（1）离散性。根据元胞自动机的定义可以看出，元胞在空间上有邻域元胞，彼此之间是相邻的关系，所以在空间上是离散的；在每个时间步长内，元胞的状态都会改变一次，所以在时间和元胞状态上也是离散的。元胞自动机的这一特性使计算机的运算更加简化，符合计算机的运算习惯。

（2）局部相互作用。判断元胞是否可以点燃，是通过上一时间步长元胞的状态和邻域元胞的状态来进行计算的，这与林火蔓延的物理过程也非常类似，通过局部的关系反映出林火整体的蔓延效果。

（3）计算的同步性。元胞自动机的计算具有时间和空间的一致性，采用计算机组成具有元胞点阵的计算网络，非常符合计算机的运算特点。

正是由于元胞自动机具有极强的开放性和灵活性，因此元胞自动机原理被广泛应用于计算机模拟的各个领域，并产生了很大的影响[138]。元胞自动化的原理是将复杂的自然现象或物理系统在时间方面分解为多个较短的时间间隔，在每个时间间隔内，该自然现象或物理系统可以看成多个相邻的相同大小的网格，每个网格的状态根据前一时间间隔内自身及相邻网格的状态，以一定的规则进行运算。

用惠更斯原理模拟森林火灾的逻辑，把火线看成是由多个火点组成的，经过一个时间间隔后，该火点会蔓延成一个小椭圆，该椭圆的外边界就是下一个时间间隔后火线上新的火点，通过描述每个点在外界作用下的不断地拓展状态，即可描述出火线发展蔓延的过程[139]。

基于惠更斯原理的模型可以概括为以下几点：

（1）将火源看作一个火点，在已知外界条件的前提下，可以计算出林火蔓延速度，在一个时间间隔后，可以得到火线的位置；

（2）在该火线上均匀选取一些点作为下一个时间间隔计算的关键点；

（3）在规定的时间步长后，通过林火蔓延速度可以算出这些点形成的椭圆；

（4）将这些小椭圆的外包围线连起来，即可得到该时刻林火的边界。

惠更斯原理从宏观出发，可以更加真实地描述林火的发展蔓延状态；利用矢量数据进行计算，时间间隔可以足够小，选取的关键点可以足够多，运算的精度也就可以足够精确。

## 5.2　森林草原火灾蔓延理论研究新进展

### 5.2.1　双向耦合火灾蔓延模型

林火蔓延由三类影响因子决定，即可燃物（如可燃物种类、含水率及密度等）、气象（如风、温度等）和地形（如坡度、坡向等）。其中，风是对森林火灾的扩展和蔓延起决定性作用的气象因子，它不仅决定林火蔓延速度，而且决定林火蔓延的面积和方向；风对于林火行为具有十分重要的意义。在实际中，林火和风之间更普遍存在的是林火—风双向耦合作用。林火-风双向耦合作用会使林火产生更为剧烈、复杂的变化[140]。

目前对于林火—风双向耦合模拟的研究属于一个新兴的研究热点，研究内容主要是将林火蔓延模型与大气模型进行拟合，如将大气模型 Meso-NH 和林火蔓延模型 Fore Fire 进行耦合，采用前向标记追踪法来模拟林火蔓延的外轮廓线（即火线），根据划分的时间步长更新大气和林火蔓延状态。在每一个时间步长下，将大气模型模拟出的风场数据输入到林火蔓延模型中，并通过林火蔓延模型向大气模型输入计算好的辐射温度 $T_e$、热通量 $Q_e$ 和水蒸气通量 $Wv_e$ 数据，从而更新大气状态以及林火蔓延状态。相较于无耦合模拟结果，双向耦合模拟结果中火线的蔓延速度显著提升，表明由林火产生的对流能够对风产生显著影响，从而导致林火蔓延的加速。在高强度林火模拟结果中，在双向耦合作用影响下的风甚至比周围的环境风快一个数量级[141]。

将林火蔓延模拟模型 SFIRE 及大气模型 WRF 进行耦合，根据划分的时间步长更新大气和林火蔓延状态。在大气模拟的每一个时间步长下，根据大气模型模拟出的风数据以及预定的燃料参数，对林火蔓延状态进行模拟。然后根据每个网格单元中的燃料消耗量计算出热通量和水蒸气通量，并将其输入到大气模型中，从而更新下一时间步长的状态。使用该方法对 2007 年发生在南澳大利亚袋鼠岛德斯特雷兹湾的森林大火进行模拟，模拟结果表明，林火在蔓延时能够显著改变周围的大气环境，因此使用恒定气象输入林火蔓延模拟方法存在很大的局限性，同时也证明了对林火和风之间的相互影响进行研究的有效性。

将林火蔓延模拟模型 DEVS-FIRE 及大气模型 ARPS 进行耦合，在一个大气时间步长下，先通过 ARPS 模型模拟出近地风数据，并将其输入到 DEVS-FIRE 模型中；然后根据设定好的可燃物数据，使用 DEVS-FIRE 模型对当前这一时间步长下的林火蔓延状态进行模拟，计算出热通量数据，并将其输入到 ARPS 模型中，模拟出下一时间步长的近地风数据，由此重复，直至可燃物燃烧结束。使用方法对发生于 2000 年的一场 Moore 大火进行模拟，结果对比基于无耦合 DEVS-FIRE 方法的模拟结果，表明基于 ARPS 和 DEVS-FIRE 的耦合方法，相较于无耦合方法，结果更加准确，更符合实际发生的林火，证实了该方法的实际价值和意义。

目前，对于林火—风双向耦合模拟的研究大多采用由大气模型和林火蔓延模型组合而成的耦合方法。这些耦合方法的思路大体相同：先将时间离散化，分为间隔相同的时间步长；在每一个时间步长下，采用大气模型模拟出风场数据，并将其输入到林火蔓延模型中，更新林火蔓延的状态；然后使用林火蔓延模型计算出大气模型模拟所需要的数据，并将其输入到大气模型中，以更新下一时间步长下的大气状态；在每个时间步长下循环上述步骤，不断更新大气状态和林火蔓延状态，以此实现林火—风双向耦合模拟。相较于无耦合的林火蔓延模拟，林火—风双向耦合模拟能够有效地提升林火蔓延模拟的准确性，使其更加贴近于实际的林火蔓延情况。但同时也带来了一些问题，由于该耦合模拟方法需要用到一对并行的大气模型和林火蔓延模型，而两个模型之间的数据交换需要在外部进行，涉及了大量的计算，因此对运行的计算机的性能要求较高，同时耦合的模拟方法也会因为空间尺度的问题造成耦合模拟在一定程度上的困难。

结合林火—风双向耦合模拟的优缺点，可以得出关于该方法的发展趋势：（1）林火—风双向耦合模拟研究处于起步阶段，目前的耦合模型较少并且仍需改善，因此应对比各种耦合模型，找到模拟效果更好的模型；（2）将林火—风双向耦合模拟作为一个模块合并到现有的林火蔓延模拟预测系统中，结合三维场景的可视化，清晰、直观地展现出风场受林火影响的动态变化；（3）建立微小尺度下的大气模型，并将其结合到林火蔓延模拟中；（4）在保持模拟精度的前提下，提高林火—风双向耦合模拟的效率，以支持实时模拟及可视化。

针对气象与林火的耦合作用，主要的研究方向是风与林火的耦合。除此之外，气温也会对林火产生影响。居恩德总结了气温与林火间的关系：当月平均气温在-10 ℃时，一般不会发生森林火灾；当月平均气温在-10~0 ℃时，可能发生森林火灾；当月平均气温在 0~10 ℃时，发生森林火灾的次数最多，危害也重；当月平均气温在 11~15 ℃时，因降水增多，草木复苏返青，火灾减少；当月平均气温大于 15 ℃时，林火一般不会发生。一些学者对温差与林火的关系也进行了研究，当温差处于 10~20 ℃时，最容易发生火灾，当温差处于该范围外时，林火发生的次数均呈下降趋势。此外，降雨量、相对湿度都会对林火能否蔓延及蔓延速率产生影响。

目前，针对另两个影响因子的研究较少，还没有出现林火-可燃物、林火-地形的耦合模型，但这二者都会对林火蔓延产生影响。在不同的地势情况下，森林中的生态因子也截然不同。在森林火灾蔓延初期，坡度对火线的实时蔓延率的影响极为显著。特别是当森林火灾顺风发展时，上坡的实时蔓延率会显著增加，而对于下坡地形的火灾辐射换热则会显著减少。这一概念可以用数学公式来进行表述：

$$\text{slope}(\beta) = \frac{\Delta h}{\Delta s} \tag{5-1}$$

式中，$h$ 为垂直距离；$s$ 为水平距离。

同时，地形的影响因素还有海拔，海拔的不断增加会导致气温的不断下降，且海拔越高，相对湿度越大。地表含水率会随着海拔的升高不断上升。同时，南坡火灾蔓延相对较快，这是因为南坡阳光照射时间长，立地条件相对干燥，且较于其他坡向温度较高。而林火如果发生在阴坡，则立地条件相对湿润，温度较低，林火燃烧速度就会相对较低。

森林火灾蔓延是可燃物化学反应放热以及氧化传热的过程。对于不同的地区，可燃物种类也大不相同，这里因为可燃物的类别不同，其化学成分、结构构造都大相径庭。不同的可燃物达到燃点的时间以及燃烧速率都有很大区别，这就会直接导致火灾蔓延的特殊情况发生[142]。

### 5.2.2  林火蔓延三维可视化模拟研究

目前，森林灭火决策支持主要采用遥感、瞭望台等监测数据，利用二维地理信息系统辅助分析决策。由于这种方式所能提供的信息是较为有限的，因此出现了在三维立体的虚拟森林环境中对林火的蔓延过程进行模拟的森林草原火灾模拟方法，可实现在模拟的三维环境中，根据气象、地形、植被因素的不同，模拟林火的发生发展状态，从而预判其发展态势。

现阶段，依靠计算机通过数值计算和图像显示以达到对森林火灾蔓延的研究越来越流行。有两种较为流行的计算机林火模拟方法，分别为林火栅格化蔓延模拟和向量化森林火灾蔓延模拟。林火栅格化蔓延模拟将所需要输入到模型中的所有数据统一进行栅格化处理，并利用所收集到的林火蔓延因子求出林火蔓延初始速度。使用人工神经网络、元胞自动机等方法实现对森林火灾的预测可视化。向量化森林火灾蔓延模拟使用卷积神经网络等求出林火实时法向速度，并使用水平集等算法实现对于林火的蔓延预测。

元胞自动机模拟是得到较多研究和应用的一种模拟方法，元胞自动机可与地理信息系统相兼容，且建模方法具有简单易行性，常被用于重现自然现象的演变，如生态建模，城市增长和流行病传播、森林火灾蔓延。利用元胞自动机开展森林火灾林火蔓延模拟，已成为森林火灾防控领域的研究热点。地理信息系统与元胞自动机技术相结合实现了林火蔓延三维可视化模拟，能够直观地展示火情的蔓延趋势，可为灭火方案的设计提供参考。林火蔓延元胞自动机模拟将林火蔓延在时间方面划分为若干独立时间步长，在空间方面对应于时间步长划分为规则的网格。每个网格的状态根据前一时间步长的相邻网格的网格状态，通过一定的状态方程计算得到。这里的状态方程是整个模拟的关键，其可通过在所选择的林火蔓延数学模型的基础上进行一定的加工而得到。时间步长的设定和网格的划分也会影响林火蔓延的模拟效果。

人工神经网络通过对人脑的神经单元进行抽象，来进行信息处理功能。人工神经网络已经很成功地被用于预测物理学问题，它可以通过自主学习所收集到的知识来预测新的输出。在实际火场中，由于林火的复杂性，人工神经网络可以比普通的线性回归和物理学表达式更好地来解释林火蔓延过程。水平集算法（level-set）是一种界面追踪技术，可以轻松地捕获物体的拓扑变换。尤其是在林火蔓延中，当有两场火蔓延并融合为一场火时，水平集算法可以很容易地表达出火线方程。

森林火灾蔓延三维可视化研究大多基于王正非模型、Rothermel 模型，依据元胞自动机原理设计蔓延方法，并进行林火蔓延预测软件的设计。软件根据需要直接输入或计算可燃物载量、含水率、可燃物床深等模型参数，在输入火点位置信息后，可以预测地表火发生后时间段范围内林火区域的面积、周长，并在三维系统中实时动态模拟火情。

### 5.2.3 阴燃林火的蔓延

阴燃是一种低温、无焰、缓慢的燃烧现象，通常发生在可炭化的多孔固体燃料中。常见的阴燃现象包括香烟、煤炭、木炭、香火和塑料发泡海绵的无焰燃烧等。相对于明火的高温火焰面，阴燃反应的温度峰值较低，一般在 450~700 ℃，且燃烧不完全[143-144]。在火灾中，当气相产物的氧化为主要放热反应时，燃烧的过程表现为明火；当固态炭的异相氧化反应为主导时，其燃烧过程则表现为阴燃。大部分阴燃由热自燃引起，而明火多由先导点火引起。

阴燃是森林火灾中的重要燃烧现象[145]，植被、树皮、落叶、森林腐殖质、泥炭等都可以发生阴燃[146]。阴燃林火主要发生在热带雨林、温带和寒带的泥炭土层，如北美洲南部、东南亚、亚马孙雨林、欧亚大陆北部地区等。我国的泥炭地主要分布在东北大兴安岭、小兴安岭和新疆阿尔泰林区，同时也是阴燃林火的高发地区，且发生频率随着全球气候变暖呈逐年增长的趋势[147]。

一般而言，阴燃林火被点燃可能是由自然因素（如闪电、热自燃、火山爆发、地表明火等），也可能是由人为因素（如不良的林地和生态管理、意外点火、纵火等）造成的。一般森林可燃物发生并维持明火需要的最低氧浓度约为16%，而阴燃火需要的氧气浓度可低至12%。因此，阴燃林火和地下煤火都可以在地表以下、供氧极为受限的燃料层中持续地燃烧和蔓延，蔓延速度的量级为cm/h。林火阴燃的蔓延方式可以分为三类：

（1）表层横向的阴燃火蔓延：在靠近地表的水平方向上蔓延，决定了阴燃林火的范围，由于靠近外界空气，阴燃锋面的供氧量和热损失都较大。因此，最终阴燃林火存在一个横向蔓延速度最快的特征深度，随着火蔓延，逐渐在地下形成空穴和悬臂的结构[148]，常见于泥炭火[149]。进一步分析表明，随着泥炭含水率的增加，阴燃横向蔓延的速率减小，特征深度增加。

（2）深层纵向的阴燃火蔓延：在远离地表的纵深方向上蔓延，决定了阴燃林火的燃烧深度，由于地表积留大量未烧尽的灰层，氧气供应和环境热损失同时降低。因此，纵向蔓延的速率主要受供氧速率的控制，向下火蔓延的速率（或泥炭的燃烧速率）随着泥炭层深度的增加而减小，并随着泥炭土密度的增加而减小；同时，当泥炭含水率远小于临界值时，纵向阴燃蔓延的速率与含水率无关，不同于明火蔓延和横向阴燃林火的蔓延。场地实验和数值计算表明，阴燃林火蔓延的临界含水率可能超过200%，远高于实验中测得的临界点火含水率[145,150-151]。

（3）深层向表层的阴燃火蔓延：地下的阴燃林火还可能向上蔓延。当雨季来临或者遭遇人工灭火时，地表附近的泥炭火可能会熄灭，但是更深层的阴燃火可能会持续燃烧，但是由于地下的氧气供应极低，阴燃速度极为缓慢。随着旱季的来临，地表的土壤逐渐干燥，地下阴燃火开始向着氧气供应充足的地表方向蔓延，越接近地表，氧气供氧越充足，蔓延速度也越快，可能历经数月才会重新蔓延到地表。阴燃火向上的蔓延过程已在小尺度（≤15 cm）的实验中得到了验证。

阴燃林火的隐蔽性高，相关发生频次、过火面积和持续时间等关键数据都难以获得，目前尚无可靠且有效的阴燃林火预测模型。间接预测阴燃林火发生概率的最有效方式依然是基于泥炭的有机物含量、含水率和密实度等参数建立的逻辑回归模型，其他的方法还包括地下水位监测和 KeetchByram 干旱系数等[152-153]。卫星遥感技术已被广泛应用于林火的探测。但是，目前卫星遥感技术尚无法区分林火中的阴燃与明火。由于阴燃林火的温度较低，并隐藏在较深的土层，因此使用卫星红外成像技术探测阴燃林火的可行性较差。同时，由于深层泥炭阴燃的烟气会被表面吸附[154]，因此即使是侦查飞机和瞭望塔也难以对其进行直接探测[155]。

目前，学术界对于阴燃林火的研究主要是以实验室内的小尺度实验和数值模拟为主，缺乏进行大尺度场地实验和模拟的数据。因此，急需开展大尺度阴燃林火的场地实验，探索阴燃林火不同的点燃方式、地下蔓延的路径和速率，以及阴燃诱发明火和爆燃的机理。同时，工程界也缺少对阴燃林火的监测和预防措施。因此，急需构建预测阴燃林火行为、碳排放和雾霾漂流的跨尺度模型，为预防、监测、扑灭阴燃林火的技术和应急响应提供科学依据，进而减少阴燃林火造成的经济损失和对于地球生态的破坏。

# 5.3 森林草原火灾监测预警技术总结

## 5.3.1 现行的森林火灾风险性评估方法

森林火灾风险性评估是依据可能发生森林火灾区域因子之间的关联性，做出合理、科学的评价，最终对森林火灾的可能性及危害性进行研究，从而完成对森林火灾风险性的评估[156]。森林火灾风险评估与火灾随机性具有联系，可对完善森林火灾双重性规律起到重要作用。同时，可依据森林火灾风险性评估进行森林防火规划和风险区划。通过风险评估确定森林火灾高风险地点，并估计其影响范围，为消防组织提供决策支持[157]。

目前，国内外采用的森林火灾风险评估方法可概括为基于信息扩散理论的评估，基于通用风险评估模型的评估，基于林火预报的评估，基于林火蔓延模型的评估和基于 GIS、RS 的评估。

信息扩散理论是对信息不足样本进行优化的一种对样本进行集值化的模糊数学处理方法。该方法可在不完备信息条件下对样本进行优化处理，其优势在于能够进行小样本风险评估，不需要额外的参数估计，避免了放大误差的不足，适用于火灾风险分析。基于信息扩散理论的风险评估方法适用于目前森林火灾数据较少、信息量不足等小样本事件[158]。目前，此方法也是在可用灾情统计数据少，且不易整理和统计等现实情况下的相对适用的灾害风险分析方法。

通用风险评估模型适用于各种场景的风险评估，如层次分析法、灰色模糊综合评价法等。森林火灾风险评估是一项艰巨的任务，这是因为森林火灾是一个复杂的事件，受众多环境因素和人为因素及其相互作用的影响，且影响因素具有不确定性、模糊性和评价信息不完全、不充分等特点。因此，为保证评估结果的真实性和可靠性，需对数据的采集和处理方法采取进一步的修正和完善。而通用风险评估模型适用性强，可用于森林火灾风险评估。

林火预报综合气象要素、地形、可燃物相关特征和火源等，对森林可燃物的燃烧危险性进行分析预测，林火预报的准确性受天气预报的直接影响。林火预测预报一般可分为三种，即火险天气预报、林火发生预报和林火行为预报。可通过林火预报研究出适用于不同省、分区和各地、县的森林火灾趋势模型；利用模型进行评估，可为森林防火资金投入、设施建设、组织建设等决策提供服务，将森林防火工作从盲目性中解放出来[159]。目前我国使用的多为火险天气预报，逐渐向林火发生和林火行为预报方向发展，并开始研制全国性的林火预报系统。国内外林火预报方法概括起来有经验法、物理法、数学法、野外实验法和室内测定法等。

基于林火蔓延模型的评估已经在上文中进行总结，该方法通过相关数学处理，得出林火行为与各种影响因素间的定量关系式。可利用关系式去评估将要发生或正在发生的林火行为，为灭火及日常林火管理提供依据[22]。

采用 GIS、RS 收集信息，处理和分析具有结构和功能组件的空间数据，以确定研究区域的火灾危险区域，支持空间决策过程。尽管其通常用于检查空间数据的学科领域，但也深受林业部门的用户的喜欢，GIS 的交互结构是关于森林火灾危险区识别的一个强大来源。国内外关于遥感估计火灾风险的大多数文献均基于 NDVI（归一化植被指数）的使用，NDVI 值在特定区域的减小已被认为是植被压力的指标，并且与高火灾风险有关[160]。使用 NDVI 可以将森林火险风险区进行划分以获取森林火险的动态变化情况，也可以使用 NDVI 对林火风险等级的一个因素进行森林火灾风险评估。

随着科学技术的发展，很多系统都应用了先进的通信工具、遥感设备和现代理论，尤其是 GIS、RS 的概念和技术的引入，使得空间数据处理和分析技术又有了长足的进展，解决了目前森林火灾数据较少、信息量不足等问题，使森林火灾风险评估更加精确化、动态化。以 GIS、RS 为主，其他一种或者几种方法为辅，进行综合评估、长期评估、联合评估以及定量精准评价，其结果更具科学性和实用性。未来应研究多种森林影响因子与森林火灾风险之间的关系，如 NDVI、森林可燃物等。在此基础上，结合学科交叉、学科融合，探寻更多的综合评估方法进行森林火灾风险性评估，对森林火灾风险进行区域划分，为森林火灾防治政策的制定及采取相应技术措施提供借鉴和决策参考。

### 5.3.2 森林草原火灾监测预警技术

森林防火扑救的重点在于早发现、早解决，因此森林草原火灾监测预警技术一般具有极高的报警率和较低的误报率。同时，为了有效减少森林草原火灾造成的资源损失，研究者们结合现有技术，利用现代化科学，逐步构建现代高效的森林草原火灾监测体系。随着通信技术、计算机技术、空间信息技术的发展，对森林草原火灾的监测能力得到了有效提高。发展至今，林火监测预警技术可以分为地面监测、近地面监测、航空监测以及卫星监测。

地面监测主要是通过巡查与瞭望塔监测、预测预报模型等进行森林草原火灾监测预警。其优点为识别率高，定位准确；缺点为容易受到地形、自然环境等条件的影响，在恶劣环境条件下不易监测、效率低下。地面监测预警中，巡查与瞭望塔监测是较为传统的监测方法，地面巡查目前主要用于巡查高火险、火源较多的地方，而瞭望塔则是根据国家要求，在重点林区建立，用于观察火情或确定火场位置，是我国探测林火的主要手段。模型预警是随着传感器发展而出现的监测预警方法，该方法通过分析收集到的环境温度、湿度、气压、风向、风速、烟雾、$CO_2$ 气体浓度等数据，对森林草原火灾进行预警，由于在该方法中传感器易被损坏，因此在实际中没有得到过多的应用。

近地面预警监测也可以看作地面监测，包括瞭望塔监测与远程视频监测等。在连接成片的重点山头修建瞭望塔，由瞭望人员利用观测设备进行定点火情监测，运用观察识别技术确定火点位置并及时报警。远程视频监测又叫"天眼"监测，是借助"铁塔"等林区制高点载体安装摄像头（前端），进行360°全方位监控，对被监控场景中的运动目标加以检测、识别和跟踪，将远端的实时连续画面通过微波传输到监测指挥中心，由监控人员对摄像头所获取的图像序列进行分析，从而确定是否为火源的一种监测技术。

航空监测是森林防火现代化的重要组成部分，也是森林防火的优先发展方向。航空监测主要使用载人直升机，借助望远镜、红外热成像等进行人工观测，从而快速定位火源。除此之外，航空监测也出现了利用无人机进行监测的技术。该技术通过搭建在无人机上的相机及各种传感器来确定火灾位置以及火灾情况，其检测结果更加直观。航空监测视野广、效率高，但缺点是对某一地点的观察时间有限，且容易受到天气浓烟等外部环境的影响。

卫星火灾监测是利用气象卫星来实现对森林草原的火灾监测的，通过使用卫星遥感技术，接收来自地面和大气的可见光至热红外波段的各种信息，在经过数据处理后，以图像、数字信息等形式传递给监测者[161]。与航空监测相比，卫星监测具有成像范围更大、监测资料实时更新、不受地形影响、成像迅速且成本低廉等优点。

如今，随着地面监测、航空监测、卫星监测的不断发展，出现了三者结合的监测方法，将传统的监测方法与现代方法相结合。构筑全方位、连续性的监测技术。空中与地面相结合，宏观与微观相结合，从而实现用更低的人力物力成本达到更好的监测效果。

### 5.3.3　森林草原火灾监测预警技术所存在的问题

我国的森林火灾监测体系日渐完善，不同的监测信息来源于不同的监测手段，比如卫星、无人机、视频等。各类不同来源的监测信息基础设施缺乏统一的标准，难以规划和综合协调，大量的异构数据成为一个个孤岛，且各省市、各区县信息化建设发展不平衡，信息系统建设的规模和应用的范围有限，信息交互和资源共享难以实现[162]。因此存在以下问题：

（1）异构性。异构性是信息集成所面临的首要问题，其主要体现在两个方面：1）系统异构：数据源所依赖的数据库类型和应用系统各异，无法实现硬件设备同软件系统的信息共享，难以系统地对数据进行统一管理与维护。2）模式异构：数据源储存模式不同，储存模式一般包括关系模式、对象模式、对象关系模式和文档模式等。

（2）语义不一致。信息资源之间存在语义上的区别，从简单的名字语义不一致到复杂的结构语义冲突。语义不一致会干扰数据的处理、发布和交换。

（3）标准化。缺乏多源森林火灾监测信息的统一标准接口，森林防火相关部门业务整合困难。

（4）性能。一般来说，每个不同的系统都需安装相对应配置的软件和各类插件，从而占据了大量内存，造成硬件运行速度变慢和软件冗余。直接进行各系统联动则受限于硬件功能，运行与维护的成本高且难以实现。

（5）数据冗余与筛选困难。多源森林火灾监测信息数据源集成到一个系统以后，多源异构形态的火灾信息及其衍生数据如何存储、如何剔除重复火点等是集成系统面临的最大问题。

# 5.4　森林草原火灾监测预警技术应用新进展

### 5.4.1　林火卫星遥感监测预警技术应用新进展

目前，我国的林火监测已形成了地面巡护、近地面、航空巡护和卫星监测四级立体监测层次。我国相继在北京、昆明、乌鲁木齐和哈尔滨建立了卫星林火监测站，实现了利用中国风云气象卫星（FY）、美国的 NOAA 系列和 EOS 系列等卫星对全国森林火灾进行监测，林火识别准确率达到90%以上[163]。

林火监测的卫星数量多，遥感数据来源丰富。随着新一代遥感技术的不断发展，以及更高空间分辨率、时间分辨率及辐射分辨率遥感影像的涌现，为森林火灾监测提供了大量可靠数据源。同时，遥感影像隐含的火灾位置、面积、林火发展势态等信息的快速、准确的提取，对于提高监测成效具有重要作用。在多源遥感影像引入林火监测的同时，针对不同遥感数据的火灾信息自动化提取方法成了研究重点。

除了以上传统遥感卫星数据的应用外，也出现了新一代遥感数据在森林火灾监测预警中的应用，常见的有高分系列卫星数据、夜光遥感卫星数据和无人机遥感影像技术。

高分卫星系列是中国高分辨率对地观测系统重大专项中所发射的一系列卫星，这一系列卫星覆盖了从全色、多光谱到高光谱，光学到雷达，太阳同步轨道到地球同步轨道等多种类型，构成了一个具有高空间分辨率、高时间分辨率和高光谱分辨率能力的对地观测系统。高分卫星数据可应用于海洋、国土、水利以及国防等领域，目前主要服务于气象、林火、抗震救灾等方面，通过对影像的增强处理，可以清晰地识别烟区和火烧迹地，而在中波红外谱段，利用着火像元的亮温明显高于非燃点像元，可以识别火点位置和过火面积[164]。另外，高分四号卫星凭借全天高频次和覆盖范围广的观测优势，对处理突发火灾等具有优势[165]，在实际应用中，识别火点准确率达80%以上。在森林火灾发生初期及灾后评估中引入高分遥感卫星影像，可以有效提高森林火灾监测的准确性和时效性，从而减少火灾损失和人员伤亡。

夜光遥感是在夜间无云情况下，通过传感器获取陆地/水体可见光源，以此反映地表活动，实现遥感技术从对地表资源探测拓展为对人类社会的监测。

目前使用较多的夜光遥感卫星主要有 DMSP/OLS、NPP/VIIRS 以及珞珈一号[166]。DMSP 卫星由美国于 1976 年发射，用于探测城镇灯光、渔船、森林火灾等，在国内外广泛应用于城市经济发展、人口密度数据获取等方面。有学者初步探索了 DMSP 应用于森林火灾探测的可能，填补了夜间林火监测的空白，对于火灾管理和减灾至关重要。继 DMSP 卫星之后，2011 年美国发射了新一代夜光遥感卫星——可见光红外辐射仪（VIIRS）的国家极轨合作伙伴（NPP）卫星，其继承和优化了 DMSP 数据的微光探测能力，且凭借其更小的瞬时视场、更多的灰度级以及更高的空间分辨率，拓展了夜光遥感数据的研究方向和应用领域。有学者应用 VIIRS 对林火蔓延进行了研究，发现每隔12h重置起始火点位置可准确模拟林火的发展动态[167]。近年来，可以利用该数据对林火蔓延模拟结果进行评估[168]，进一步表明 VIIRS 可精确模拟林火蔓延。

2018 年，我国发射了由武汉大学研发的珞珈一号新一代夜光遥感卫星，其数据相比于 NPP/VIIRS 分辨率更高，增强了地面夜光监测能力，广泛应用于人类社会活动研究，进一步挖掘其在林火高分辨精准监测的应用潜力对于火灾防控尤为必要。

随着遥感技术的发展，无人机技术备受青睐，特别是轻小型无人机的出现，弥补了卫星遥感地面分辨率低、时效性差、易受天气干扰等不足，为小区域森林火灾监测提供了新途径。无人机针对森林草原火灾方面的监测已开展大量研究。例如，利用无人机获取的高分辨率数据可以提取不同的森林属性，用于区域尺度灾后受损程度制图，并预测过火区的植被演替[169]；借助多光谱及 RGB 影像提取平均 NDVI，可有效获取灾后森林烧伤程度（未伤、部分烧伤和全部烧伤三类）的空间格局[170-171]；将无人机获取的高分辨率多光谱影像结合概率神经网络（PNN），对火灾植被及土壤烧伤程度进行评估[172]。

虽然无人机在火情侦查、灾后调查等方面具有明显优势，但也存在一定的局限性，如野外作业续航短、抗干扰性差等导致其作业效率低，仅适于小范围森林火灾监测。未来应在提高无人机野外作业性能的基础上，综合利用多源卫星遥感影像大尺度同步监测优势和无人机灵活局部精确信息获取优势，以点面结合的方式全面掌握森林火灾信息，提升遥感林火监测效率。

### 5.4.2　无人机林火监测预警技术

小型无人机林火监测系统可分为机载飞行系统、机载控制系统和地面处理系统。机载飞行平台是保证整个无人机林火监测系统正常运行的基础，主要包括机体、传感器单元、控制器单元、执行器单元、CCD 以及无线通信单元等。机载控制系统是机载飞行平台设计的核心。小型无人机机载控制系统可分为传感器、执行器和控制器三个部分。对于林火监测无人机而言，由于自身载重量有限，除了机载控制系统之外，还需要承载监测仪器、无线通信设备等。因此，机载控制系统的硬件结构要力求简便，需要具有体积小、重量轻、功耗低等特点，以及抗干扰能力强、冗余性高、系统升级扩展方便等特性。

以小型无人机为平台，有效结合机载摄像机、遥感成像、红外探测模块、无线传输模块和地面站处理系统，完成对森林火灾的监测。根据实际情况和林火监测任务需求，设定小型无人机飞行航线和周期，申请飞行空域，执行飞行任务。小型无人机平台上配有摄像机（CCD 或 CMOS）、无线传输模块和 GPS 等任务载荷，摄像机拍摄的林火实时图像经无线传输模块传至地面站处理系统，同时记录下视频拍摄时的地理坐标和摄像角度等信息。

美国、德国、英国、日本等国家的无人机发展较快，技术较成熟。在美国，无人机系统应用到森林防火等民用领域的现象已经十分普遍。2006 年 10 月，美国航空航天局（NASA）和美国林业局在加州利用"牵牛星（Altair）"无人机在森林大火上空航行了两次，并且使用 NASA 艾姆斯研究中心提供的红外扫描仪—机载红外灾害评估系统（AIRDAS）发现了主要的火灾点，并将数据传送到地面站。大约每30分钟火灾图像就会即时向地面中心传输一次，让消防人员更好地掌控局势[173]。2013年，俄罗斯雅库特地区借助设备型号为ZALA421-08的小型无人机侦察森林火灾的发生情况。该设备质量约2 kg，飞行时速达到120 km/h，最长工作时间为1.5 h，最高可飞至4 km高空，活动半径为10 km。无人机上安装有摄像机、照相机，可补充安装热像仪，并通过网络24h传输观测结果，可以及时发现火灾发生区域，还可引导搜救工作。

与传统的载人飞机相比，小型无人机更易于拆卸、组装、运输、部署等，维护成本低，培养专业人员的费用更低，而且其对场地要求低，能适应各种复杂环境，可根据现场情况实时调整作业方案及载荷设备，节省大量的人力、物力及财力。与最为原始的地面巡逻相比，小型无人机可在地域偏远、交通不便的林区开展空中监测，减少工作量、提高工作效率；一旦发生火情，小型无人机林火预警系统不会因地形地势崎岖、森林茂密而出现消防人员视野内较大的位置偏差。小型无人机林火监测系统综合运用GPS技术、数字图像传输、遥感平台以及视频实时传输等高新技术，作为林业监测手段的有力补充，显示出其独特的优势。森林火灾破坏性极强，但零星火源具有隐蔽性，尤其是夜间林火，更不易被及时发现。早发现、早扑灭在森林防火中具有重要意义。

小型无人机不仅可配置摄像机、高分辨率相机、前视红外仪和图像传输等设备，而且其中的前视红外仪能满足夜晚巡视要求，还可根据需要在空中全天候执行林区监测任务。同时，一旦发现火情，小型无人机可进入危险环境作业。利用搭载的摄像设备和影像传输设备完成火警侦查和火灾探测任务，通过微波信号传送给地面工作人员，准确报告火场位置，随时掌握火场动态信息，让消防指挥人员及时部署消防队伍，便于火灾监测并及时扑灭林火，提高灭火效率，减少森林资源损失与人员伤亡。

## 5.5 基于机器学习的森林草原火灾风险预测模型

多数火险预测都是以概率方法、统计方法为主，虽然也取得了不错的预测结果，但面对林火数据的日益增加以及大数据和人工智能技术的逐渐发展，已经显现出不足，而随着计算机算力的提升和机器学习的发展，各类机器学习方法在火险预测中的研究相较于概率方法和统计方法取得了更好的预测结果。发展至今，主要的基于机器学习的林火预测模型包括反向传播神经网络、支持向量机模型、随机森林算法、深度学习、集成学习模型。

反向传播神经网络作为一种多层前馈神经网络，由输入层、隐含层和输出层构成，具有很强的非线性映射能力和抗干扰能力，因而成为国内外广泛使用的森林火险预测模型之一[174]。BP神经网络的工作流程如下：首先，将火险因子作为样本数据输入至输入层，进行逐层的前向传播，直至输出层产生结果；然后，计算输出层的误差，并进行误差的 BP 直至隐藏层；最后，根据隐藏层的误差来对权值和阈值进行修改，直至误差达到设定阈值为止。

支持向量机是基于统计学习理论基础上的一种数据挖掘方法，在处理数据量小和非线性等问题上有特有的优势，同时在很大程度上克服了维数灾难和过学习等问题，从而得到了众多研究人员的青睐。SVM 的基本思想是在样本特征空间中寻找一个满足分类要求的最优超平面，能够使超平面距离分类样本集之间的空白区域最大，而那些最接近超平面的数据点称为支持向量[175]。

随机森林算法是基于分类与回归树的机器学习算法，由众多决策树的组合构成，当数据集足够大时，模型就具有很强的抗干扰能力，并且可以有效避免过拟合和欠拟合发生。

深度学习是一类仿人脑神经系统网络的多层次结构，其利用多层网络结构逐层学习样本数据，提取出更加具有代表性的属性或特征类别，解决传统神经网络不能获取原始数据中抽象、复杂的特征等问题，已经在语音识别、图像识别和人脸识别等领域得到了广泛的应用[176-177]。深度学习在森林火险预测中，一般通过大量火险数据的自主学习，提取具有代表性的特征信息，利用得到的模型进行森林火险预测。用于森林火险的网络模型主要包括深度神经网络、卷积神经网络、循环神经网络。

每个预测模型在建立后都需要对其进行检验，从而评估预测模型的适应能力和正确率。评估机器学习模型的好坏，通常取决于模型泛化能力和评价精度。当前，模型评价的常用方法是模型准确度、ROC 曲线和 AUC 值。其中，准确度等于预测正确的样本数与样本总数之比；ROC 曲线以误判率（把实际为错误的判断为正确的概率）为横坐标，敏感性（把实际为正确的判断为错误的概率）为纵坐标绘制曲线，曲线的面积越大，模型精度就越高。

不同的森林火险预测模型在预测相同林火数据样本时，产生的预测精度也不同。因此，根据不同的林火数据选择合适的林火预测模型尤为重要。单独的 BP 神经网络很难独立作为预测模型，需要改进优化后使用；支持向量机模型仅适合处理非线性且数据量小的数据；随机森林算法相较于前两者具有更高且更稳定的准确率，同时，随机森林算法能适用于大多数地区；深度学习方法在森林火险预测方面的研究相对薄弱，但目前不同的深度学习方法在森林火险预测上都具有较高的预测精度，是未来主要的发展方向之一。

## 5.6　森林草原火灾防治展望

我国现代化森林草原防火技术仍处于起步阶段，火灾蔓延理论的实际应用和火灾监测预警技术仍不完善，火灾防治任重道远。随着现代技术信息化、智能化发展，越来越多的新兴理论与技术应用到了森林草原火灾研究当中。因此，未来森林草原火灾防治需要将现代技术与火灾防治完美结合。

在大数据时代，森林或者草原中各个参数集信息越来越全面，信息量越来越大，对于机器学习来说，数据集的完善可以带来模型预测准确度的提升。因此，随着林火预测数据越来越多，将有更多的机器学习模型适用于林火预测方向。在我国，基于机器学习的林火风险预测火点准确率已达到 90% 左右[82]。在将来，随着数据集的更新和模型的优化，以及大数据、物联网、云计算技术的发展，将减少对于人员的需求，提高效率与准确率，减少误报率。

随着计算机算力的提升，人工智能已经可以应用到多个领域。在森林草原火灾防治中，人工智能已经应用到多个方面，如通过卷积神经网络建立林火蔓延模型，利用图像检测进行林火识别[178]。同样，该领域在林火防治中也只处于初级阶段。在将来，林火蔓延模型的准确率将逐步提升，林火的图像检测将进行更细致的林火分类，从而应对错检、漏检的情况。

发展航空林火监测与卫星林火监测，如利用北斗卫星和高分卫星进行林火实时检测，并进一步发展至森林草原全区域精准实时检测[178]。同时将卫星监测与航空监测相结合，发展无人机林火监测与林火扑救技术。做到卫星宏观监测，无人机微观监测。

小型无人机在森林火灾监测方面已表现出了无可比拟的优势，未来其在森林火灾监测方面的应用还有较大的提升空间。小型无人机在森林火灾监测方面将向优化小型无人机系统性能方向发展。优化无人机平台和自主导航飞行控制系统，开发出配套的高稳定性自动导航飞控技术及无线网络快速传输技术；在不提高小型无人机平台成本的同时，小型无人机的载荷能力和续航时间将得到最大化大提高。除此之外，小型无人机森林火灾监测系统也可以广泛用于森林管理的其他方面。如监测森林中的可燃物堆积情况，搭载温湿度传感器获取林区的气象资料，监测林区的可疑火源等。

最后，需要持续改善火灾综合治理措施。除火灾监测外，火灾治理和灾后重建也是林火防治的重要组成部分。在我国，部分林区基础防火设备陈旧，专业设备与专业人员数量不足。完善火灾应急方案、实时更新防火设施、加强专业人员能力将是提升火灾防治能力的有效途径。

# 参 考 文 献

[1] 李兴华，武文杰，张存厚，等．气候变化对内蒙古东北部森林草原火灾的影响［J］．干旱区资源与环境，2011，25（11）：114-119．

[2] 汪东，贾志成，夏宇航，等．森林草原火灾监测技术研究现状和展望［J］．世界林业研究，2021，34（2）：26-32．

[3] 张娇，张原．致命的澳大利亚火灾［J］．生态经济，2020，36（3）：1-4．

[4] 舒立福，田晓瑞，姚树人．2000 年全球森林火灾评述［J］．世界林业研究，2001（5）：21-25．

[5] 李伟克，殷继艳，郭赟权，等．2019 年世界代表性国家和地区森林火灾发生概况分析［J］．消防科学与技术，2020，39（9）：1280-1284．

[6] 姜莉，玉山，乌兰图雅，等．草原火研究综述［J］．草地学报，2018，26（4）：791-803．

[7] 肖化顺，刘小永，曾思齐．欧美国家林火研究现状与展望［J］．西北林学院学报，2012，27（2）：131-136．

[8] 张卓立，刘丹，李永亮，等．美国森林服务管理经验与启示［J］．世界林业研究，2022，35（2）：105-110．

[9] 胡海清，周振宝，焦燕．俄罗斯森林火灾现状统计分析［J］．世界林业研究，2006（2）：74-78．

[10] 白夜，武英达，王博，等．我国森林草原火灾潜在风险应对策略研究［J］．林业资源管理，2020（1）：11-14，29．

[11] 李兵，周剑，卜俊伟，等．木里县森林火灾原因分析及闪电监测资料应用［J］．灾害学，2021，36（3）：125-130，59．

[12] 王景华，牛树奎，李德，等．基于 AHP 的攀枝花市一般森林火灾影响因素研究［J］．广东农业科学，2012，39（17）：233-236．

[13] 舒立福，刘晓东．森林防火学概论［M］．北京：中国林业出版社，2016

[14] 李丽琴，牛树奎．中国气候变化与森林火灾发生的关系［J］．安徽农业科学，2010，38（22）：11993-11994．

[15] 邹志翀，冷红．澳大利亚森林火灾风险相关研究进展及其启示［J］．国际城市规划，2018，33（3）：62-72．

[16] 白夜，王博，武英达，等．2021 年全球森林火灾综述［J］．消防科学与技术，2022，41（5）：705-709．

[17] 刘吉敏，黄泓，王学忠．春季东北地区森林火险气象指数及其极值重现期特征［J］．灾害学，2018，33（1）：76-80．

[18] 谭三清，张贵，刘大鹏．基于灰色关联度分析的森林火灾危害程度及相关因子研究［J］．中南林业科技大学学报，2010，30（4）：135-138．

[19] 周粉粉，郭蒙，钟超，等．呼伦贝尔草原火时空格局及特征分析［J］．地理科学，2022，42（10）：1838-1847．

[20] 曲焰鹏，郑淑霞，白永飞．蒙古高原草原火行为的时空格局与影响因子［J］．应用生态学报，2010，21（4）：807-813．

[21] 袁春明，文定元. 林火行为研究概况 [J]. 世界林业研究，2000（6）：27-31.

[22] 唐晓燕，孟宪宇，易浩若. 林火蔓延模型及蔓延模拟的研究进展 [J]. 北京林业大学学报，2002（1）：87-91.

[23] MORVAN D，LARINI M. Modeling of one dimensional fire spread in pine needles with opposing air flow [J]. Combustion Science and Technology，2001，164（1）：37-64.

[24] ALBINI F A. A physical model for firespread in Brush [J]. Symposium on Combustion，1967，11（1）：553-560.

[25] 张晓婷，刘培顺，王学芳. 王正非林火蔓延模型改进研究 [J]. 山东林业科技，2020，50（1）：1-6，40.

[26] 朱敏，冯仲科，胡林. 对两个森林地表火蔓延改进模型的研究 [J]. 北京林业大学学报，2005（S2）：138-141.

[27] 毛贤敏，徐文兴. 林火蔓延速度计算方法的研究 [J]. 辽宁气象，1991（1）：9-13.

[28] 王晓红，张吉利，金森. 林火蔓延模拟的研究进展 [J]. 中南林业科技大学学报，2013，33（10）：69-78.

[29] 李春燕. 森林可燃物含水率与火险等级关系的研究 [J]. 云南林业调查规划，1994（4）：37-42.

[30] 毛贤敏. 风和地形对林火蔓延速度的作用 [J]. 应用气象学报，1993（1）：100-104.

[31] 宋丽艳，周国模，汤孟平，等. 基于 GIS 的林火蔓延模拟的实现 [J]. 浙江林学院学报，2007，90（5）：614-618.

[32] 唐晓燕，孟宪宇，葛宏立，等. 基于栅格结构的林火蔓延模拟研究及其实现 [J]. 北京林业大学学报，2003（1）：53-57.

[33] 吕梦雅，闫瑾，任喜亮，等. 树冠火生长蔓延模型的改进与实时仿真 [J]. 燕山大学学报，2021，45（4）：352-356.

[34] 李光辉，夏其表，李洪. 基于渗透理论的林火蔓延模型研究 [J]. 系统仿真学报，2008，20（24）：6595-6598.

[35] NEWMAN M E J，ZIFF R M. Efficient Monte Carlo algorithm and high-precision results for percolation [J]. Physical Review Letters，2000，85（19）：4104-4107.

[36] 黄华国，张晓丽，王蕾. 基于三维曲面元胞自动机模型的林火蔓延模拟 [J]. 北京林业大学学报，2005（3）：94-97.

[37] 沈敬伟，温永宁，周廷刚，等. 基于元胞自动机的林火蔓延时空演变研究 [J]. 西南大学学报（自然科学版），2013，35（8）：116-121.

[38] 张菲菲，解新路. 一种改进的林火蔓延模型及其实现 [J]. 测绘与空间地理信息，2012，35（2）：50-53.

[39] 赵璠，舒立福，周汝良，等. 西南林区森林火灾火行为模拟模型评价 [J]. 应用生态学报，2017，28（10）：3144-3154.

[40] 岳超，罗彩访，舒立福，等. 全球变化背景下野火研究进展 [J]. 生态学报，2020，40（2）：385-401.

[41] RAMACHANDRAN G. Statistical methods in risk evaluation [J]. Fire Safety Journal，1980，2（2）：125-145.

［42］ CHOU Y H, MINNICH R A, CHASE R A. Mapping probability of fire occurrence in San Jacinto Mountains, California, USA ［J］. Environmental Management, 1993, 17 （1）: 129-140.

［43］ VIEGAS D X, PIÑOL J, VIEGAS M T, et al. Estimating live fine fuels moisture content using meteorologically-based indices ［J］. International Journal of Wildland Fire, 2001, 10 （2）: 223-240.

［44］ GILLETT N P, WEAVER A J, ZWIERS F W, et al. Detecting the effect of climate change on Canadian forest fires ［J］. Geophysical Research Letters, 2004, 31 （18）: 355-366.

［45］ WILLIAMS A A J, KAROLY D J, TAPPER N. The sensitivity of Australian fire danger to climate change ［J］. Climatic Change, 2001, 49 （1/2）: 171-191.

［46］ FRIED J S, TORN M S, MILLS E. The impact of climate change on wildfire severity: A regional forecast for Northern California ［J］. Climatic Change, 2004, 64 （1/2）: 169-191.

［47］ FLANNIGAN M, CAMPBELL I, WOTTON M, et al. Future fire in Canada's boreal forest: Paleoecology results and general circulation model-Regional climate model simulations ［J］. Canadian Journal of Forest Research, 2001, 31 （5）: 854-864.

［48］ 胡超. 基于 BP 人工神经网络的区域森林火灾预测研究 ［D］. 舟山: 浙江海洋学院, 2015.

［49］ MANUEL C, JOSÉBENITO B, JORGE C, et al. Design and conceptual development of a novel hybrid intelligent decision support system applied towards the prevention and early detection of forest Fires ［J］. Forests, 2023, 14 （2）: 172.

［50］ 缪柏其, 韦剑, 宋卫国, 等. 林火数据的 Logistic 和零膨胀 Poisson （ZIP） 回归模型 ［J］. 火灾科学, 2008 （3）: 143-149.

［51］ 蔡奇均, 曾爱聪, 苏漳文, 等. 基于 Logistic 回归模型的浙江省林火发生驱动因子分析 ［J］. 西北农林科技大学学报 （自然科学版）, 2020, 48 （2）: 102-109.

［52］ 张珍, 杨淞, 朱贺, 等. 混合效应模型在林火发生预测中的适用性 ［J］. 应用生态学报, 2022, 33 （6）: 1547-1554.

［53］ 孙立研, 刘美玲, 周礼祥, 等. 基于气象因子深度学习的森林火灾预测方法 ［J］. 林业工程学报, 2019, 4 （3）: 132-136.

［54］ 梁慧玲, 郭福涛, 苏漳文, 等. 基于随机森林算法的福建省林火发生主要气象因子分析 ［J］. 火灾科学, 2015, 24 （4）: 191-200.

［55］ 朱馨, 李建微, 郭伟, 等. 基于机器学习的森林火险预测模型 ［J］. 中国安全科学学报, 2022, 32 （9）: 152-157.

［56］ 白书华, 况明星. 基于 PSO-GA-BP 神经网络的林火预测设计与研究 ［J］. 系统仿真学报, 2018, 30 （5）: 1739-1748.

［57］ 高学攀. 林火概率预测系统的设计与实现 ［D］. 天津: 天津大学, 2016.

［58］ BISQUERT M, CASELLES E, SÃ¡NCHEZ J M, et al. Application of artificial neural networks and logistic regression to the prediction of forest fire danger in Galicia using MODIS data ［J］. International Journal of Wildland Fire, 2012, 21 （8）: 1025-1029.

［59］ CHANG Y, ZHU Z, BU R, et al. Predicting fire occurrence patterns with logistic regression in

Heilongjiang Province, China [J]. Landscape Ecology, 2013, 28 (10)：1989-2004.

[60] SHI C, ZHANG F. A forest fire susceptibility modeling approach based on integration machine learning algorithm [J]. Forests, 2023, 14 (7) .

[61] 伍小洁, 陈利明, 张洁, 等. 林火监测技术分析与综合应用 [J]. 卫星应用, 2017, 65 (5)：24-28.

[62] 赵界成. 遥感技术在森林防火中的运用 [J]. 农业科技与信息, 2019, 565 (8)：67-68.

[63] 姜文宇, 王飞, 苏国锋, 等. 面向森林火灾的应急管理信息化关键技术 [J]. 中国安全科学学报, 2022, 32 (9)：182-191.

[64] MERINO L, CABALLERO F, MARTíNEZ-DE-DIOS J R, et al. An unmanned aircraft system for automatic forest fire monitoring and measurement [J]. Journal of Intelligent & Robotic Systems, 2012, 65 (1/2/3/4)：533-548.

[65] ROSSI L, MOLINIER T, AKHLOUFI M, et al. Advanced stereovision system for fire spreading study [J]. Fire Safety Journal, 2013, 60：64-72.

[66] CAMPBELL M, DENNISON PE, Butler B. A LiDAR-based analysis of the effects of slope, vegetation density, and ground surface roughness on travel rates for wildland firefighter escape route mapping [J]. International Journal of Wildland Fire, 2017, 26 (10)：884.

[67] 李滨, 杨笑天, 王述洋. 基于 FLUENT 的森林防火小型无人机的机身仿真优化研究[J]. 北京林业大学学报, 2015, 37 (11)：115-119.

[68] 马瑞升, 杨斌, 张利辉, 等. 微型无人机林火监测系统的设计与实现 [J]. 浙江农林大学学报, 2012, 29 (5)：783-789.

[69] 李顺, 吴志伟, 梁宇, 等. 北方森林林火发生驱动因子及其变化趋势研究进展 [J]. 世界林业研究, 2017, 30 (2)：41-45.

[70] 金森, 王晓红, 于宏洲. 林火行为预测和森林火险预报中气象场的插值方法 [J]. 中南林业科技大学学报, 2012, 32 (6)：1-7.

[71] MAGNUSSEN S, TAYLOR S W, et al. Prediction of daily lightning-and human-caused fires in British Columbia [J]. International Journal of Wildland Fire, 2012, 21 (4)：342-356.

[72] GUO F, SU Z, WANG G, et al. Understanding fire drivers and relative impacts in different Chinese forest ecosystems [J]. Science of the Total Environment, 2017：605-606.

[73] OPITZ T, BONNEU F, GABRIEL E. Point-process based Bayesian modeling of space-time structures of forest fire occurrences in Mediterranean France [J]. Spatial Statistics, 2020：100429.

[74] 邓欧, 李亦秋, 冯仲科, 等. 基于空间 Logistic 的黑龙江省林火风险模型与火险区划 [J]. 农业工程学报, 2012, 28 (8)：200-205.

[75] 陈岱. 基于 Logistic 回归模型的大兴安岭林火预测研究 [J]. 林业资源管理, 2019 (1)：116-122.

[76] 苏漳文, 刘爱琴, 郭福涛, 等. 福建林火发生的驱动因子及空间格局分析 [J]. 自然灾害学报, 2016, 25 (2)：110-119.

[77] 梁慧玲, 王文辉, 郭福涛, 等. 比较逻辑斯蒂与地理加权逻辑斯蒂回归模型在福建林火发生的适用性 [J]. 生态学报, 2017, 37 (12)：4128-4141.

［78］ ZHANG, HAIJUN, QI, et al. Improvement of fire danger modelling with geographically weighted logistic model ［J］. International Journal of Wildland Fire, 2014, 23 （8）: 1130-1146.

［79］ 方匡南, 吴见彬, 朱建平, 等. 随机森林方法研究综述 ［J］. 统计与信息论坛, 2011, 26 （3）: 32-38.

［80］ 潘登, 郁培义, 吴强. 基于气象因子的随机森林算法在湘中丘陵区林火预测中的应用 ［J］. 西北林学院学报, 2018, 33 （3）: 169-177.

［81］ SHARMA R, RANI S, MEMON I. A smart approach for fire prediction under uncertain conditions using machine learning ［J］. Multimedia Tools and Applications, 2020, 79 （37/38）: 1-14.

［82］ 王姊辉, 董恒, 赵洋甬, 等. 应用机器学习模型对中国云贵川区域林火风险预测 ［J］. 东北林业大学学报, 2023, 51 （5）: 113-119.

［83］ 李史欣, 张福全, 林海峰. 基于机器学习算法的森林火灾风险评估研究 ［J］. 南京林业大学学报 （自然科学版）. 2023, 47 （5）: 49-56.

［84］ CARLOS C V, DANIELA V S. Assessing the probability of wildfire occurrences in a neotropical dry forest ［J］. Écoscience, 2021, 28 （2）: 159-169.

［85］ 杨景标, 马晓茜. 基于人工神经网络预测广东省森林火灾的发生 ［J］. 林业科学, 2005 （4）: 127-132.

［86］ 柳生吉, 杨健. 基于广义线性模型和最大熵模型的黑龙江省林火空间分布模拟 ［J］. 生态学杂志, 2013, 32 （6）: 1620-1628.

［87］ 郭福涛, 胡海清, 马志海, 等. 不同模型对拟合大兴安岭林火发生与气象因素关系的适用性 ［J］. 应用生态学报, 2010, 21 （1）: 159-164.

［88］ 郭福涛, 胡海清, 金森, 等. 基于负二项和零膨胀负二项回归模型的大兴安岭地区雷击火与气象因素的关系 ［J］. 植物生态学报, 2010, 34 （5）: 571-577.

［89］ 秦凯伦, 郭福涛, 邸雪颖, 等. 大兴安岭塔河地区林火发生的优势预测模型选择 ［J］. 应用生态学报, 2014, 25 （3）: 731-737.

［90］ 张馨月, 苏晓慧. 四川省林火次数与气象因子的相关性研究 ［J］. 西北林学院学报, 2017, 32 （3）: 176-180.

［91］ 吴恒, 朱丽艳, 刘智军, 等. 中国森林火灾发生规律及预测模型研究 ［J］. 世界林业研究, 2018, 31 （5）: 64-70.

［92］ SAKR G E, ELHAJJ I H, MITRI G. Efficient forest fire occurrence prediction for developing countries using two weather parameters ［J］. Engineering Applications of Artificial Intelligence, 2011, 24 （5）: 888-894.

［93］ 张时雨. 基于机载监测系统的东北森林地表火蔓延与预测模型研究 ［D］. 哈尔滨: 东北林业大学, 2022.

［94］ 满子源, 孙龙, 胡海清, 等. 南方8种森林地表死可燃物在平地无风时的燃烧蔓延速率与预测模型 ［J］. 林业科学, 2019, 55 （7）: 197-204.

［95］ 周国雄, 吴淇, 陈爱斌. 林火蔓延模拟元胞自动机算法研究 ［J］. 仪器仪表学报, 2017, 38 （2）: 288-294.

[96] 杨福龙，曹佳，白夜．基于元胞自动机的林火蔓延三维模拟仿真研究［J］．计算机工程与应用，2016，52（19）：37-41.

[97] NATHAN D，HAIDONG X，XIAOLIN H，et al. Coupled fire-atmosphere modeling of wildland fire spread using DEVS-FIRE and ARPS［J］. Natural Hazards，2015，77（2）：1013-1035.

[98] PRINCE D，SHEN C，FLETCHER T. Semi-empirical model for fire spread in shrubs with spatially-defined fuel elements and flames［J］. Fire Technology，2017，53（3）：1439-1469.

[99] NTINAS V G，MOUTAFIS B E，TRUNFIO G A，et al. Parallel fuzzy cellular automata for data-driven simulation of wildfire spreading［J］. Journal of Computational Science，2016，21：469-485.

[100] DENHAM M，WENDT K，BIANCHINI G，et al. Dynamic Data-driven genetic algorithm for forest fire spread prediction［J］. Journal of Computational Science，2012，3（5）：398-404.

[101] 王丹．林火蔓延中的数据同化方法研究［D］．长沙：中南林业科技大学，2017.

[102] 武金模．外界风和坡度条件下地表火蔓延的实验和模型研究［D］．合肥：中国科学技术大学，2014.

[103] 袁宏永，范维澄，王清安．由航空影像及DTM测量林火行为的数学模型与方法［J］．火灾科学，1995（2）：31-37.

[104] 张菲菲．基于地理元胞自动机的林火蔓延模型与模拟研究［D］．汕头：汕头大学，2011.

[105] 周国雄，尹克佳，陈爱斌．基于DEVS建模的动态数据驱动林火蔓延模型［J］．系统仿真学报，2018，30（10）：3642-3647.

[106] ZHAI C，ZHANG S，CAO Z，et al. Learning-based prediction of wildfire spread with real-time rate of spread measurement［J］. Combustion and Flame，2020，215（C）：333-341.

[107] ALLAIRE F，MALLT V，FILIPPI J. Emulation of wildland fire spread simulation using deep learning［J］. Neural Networks，2021，141：184-198.

[108] 王顺函，梁霄．基于随机森林和XGBoost的森林火灾毁坏面积预测［J］．信息与电脑（理论版），2022，34（24）：5-8.

[109] LIU D. Prediction and analysis of forest fire based on machine learning［J］. Statistics and Application，2016，5（2）：163-171.

[110] MARTELL D L，BEVILACQUA E，STOCKS B J. Modelling seasonal variation in daily people-caused forest fire occurrence［J］. Canadian Journal of Forest Research，1989，19（12）：1555-1563.

[111] 信晓颖，江洪，周国模，等．加拿大森林火险气候指数系统（FWI）的原理及应用［J］．浙江农林大学学报，2011，28（2）：314-318.

[112] 杨美清，姚启超，方克艳，等．加拿大森林火险天气指数系统在全球及中国的应用［J］．亚热带资源与环境学报，2021，16（1）：48-54.

[113] 马文苑．大尺度林火驱动因子及预测模型研究［D］．北京：北京林业大学，2019.

[114] 韩焱红，苗蕾，赵鲁强，等．美国国家火险等级系统原理及应用［J］．科技导报，2019，37（20）：76-83.

[115] 杨光，舒立福，邸雪颖，等．韩国国家森林火险等级预报系统概述［J］．世界林业研

究，2013，26（6）：64-68.

[116] 王正非. 三指标林火预报法 [J]. 生态学杂志，1988，7（S1）：75-81.

[117] 王正非. 通用森林火险级系统 [J]. 自然灾害学报，1992（3）：39-44.

[118] 尹海伟，孔繁花，李秀珍. 基于 GIS 的大兴安岭森林火险区划 [J]. 应用生态学报，2005（5）：833-837.

[119] 刘祖军，刘健，余坤勇，等. 基于 RS 和 GIS 的森林火险区划 [J]. 福建农林大学学报（自然科学版），2008（6）：606-609.

[120] 周伟奇，王世新，周艺，等. 草原火险等级预报研究 [J]. 自然灾害学报，2004（2）：75-79.

[121] 赵鹏武，武峻毅，张恒. 基于聚类分析法的我国森林火险等级区划研究 [J]. 林业工程学报，2021，6（3）：142-148.

[122] 王磊，郝若颖，刘玮，等. 基于粒子群算法和 BP 神经网络的多因素林火等级预测模型 [J]. 林业工程学报，2019，4（3）：137-144.

[123] ZICCARDI L G, THIERSCH C R, YANAI A M, et al. Forest fire risk indices and zoning of hazardous areas in Sorocaba, São Paulo State, Brazil [J]. Journal of Forestry Research, 2020, 31（3）：581-590.

[124] 贾宜松. 山西省平陆县森林火险区划研究 [D]. 北京：北京林业大学，2020.

[125] 郭怀文，刘晓东，邱美林. 福建三明地区森林火险区划 [J]. 东北林业大学学报，2012，40（11）：70-73.

[126] 苗庆林，田晓瑞，陈立光. 基于层次分析法的森林火险区划——以祖徕山林场为例 [J]. 火灾科学，2013，22（3）：113-119.

[127] 高祥伟，费鲜芸，庄文峰，等. 连云港花果山高分辨率森林火险等级三维可视化短期预报研究 [J]. 林业资源管理，2012（4）：101-102，22.

[128] 巨文珍，韦立权，许仕道，等. 防城港市森林火险等级区划研究 [J]. 森林工程，2016，32（5）：16-20.

[129] 张恒，于永康，荆玉惠，等. 内蒙古巴林右旗森林火险等级评价及火险区划研究 [J]. 林业资源管理，2018（1）：103-108.

[130] 张恒，王轩，张鑫，等. 内蒙古赤峰市森林火险等级评价及火灾危险性评估 [J]. 西南林业大学学报（自然科学），2019，39（2）：143-150.

[131] 赵璠，舒立福，周汝良，等. 林火行为蔓延模型研究进展 [J]. 世界林业研究，2017，30（2）：46-50.

[132] 王正非. 山火初始蔓延速度测算法 [J]. 山地研究，1983（2）：42-51.

[133] ROTHERMEL R C. A mathematical model for predicting fire spread in wildland fuels [R]. US Department of Agriculture, Forest Service Research Paker INT-115, Intermountain Forest and Rarge Experiment Station, Ogden, Utah, 1972.

[134] 吴志伟，贺红士，胡远满，等. FARSITE 火行为模型的原理、结构及其应用 [J]. 生态学杂志，2012，31（2）：494-500.

[135] 刘玉洁，吕振义，刘亚京，等. 无人机在林火防控中的应用 [J]. 森林防火，2019（4）：36-40.

［136］张全文，杨永崇，王涛，等. 基于元胞自动机的高原林火蔓延三维可视化模拟［J］. 科学技术与工程，2021，21（4）：1295-1299.

［137］宋卫国，范维澄，汪秉宏. 整数型森林火灾模型及其自组织临界性［J］. 火灾科学，2001（1）：53-56.

［138］王惠，周汝良，庄娇艳，等. 林火蔓延模型研究及应用开发［J］. 济南大学学报（自然科学版），2008（3）：295-300.

［139］PITTS W M. Wind effects on fires［J］. Progress in Energy and Combustion Science, 1991, 17（2）：83-134.

［140］BAPTISTE FILIPPI J, BOSSEUR F, MARI C, et al. Coupled atmosphere-Wildland fire modelling［J］. Journal of Advances in Modeling Earth Systems, 2009, 1（4）：19-24.

［141］HOFFMAN C M, ZIEGLER J, CANFIELD J, et al. Evaluating crown fire rate of spread predictions from physics-based models［J］. Fire Technology, 2016, 52（1）：221-237.

［142］MOUSSA N A, TOONG T Y, GARRIS C A. Mechanism of smoldering of cellulosic materials［J］. Symposium（International）on Combustion, 1977, 16（1）：1447-1457.

［143］HUANG X, GAO J. A review of near-limit opposed fire spread［J］. Fire Safety Journal, 2021, 120：103141.

［144］HUANG X, REIN G. Computational study of critical moisture and depth of burn in peat fires［J］. International Journal of Wildland Fire, 2015, 24（6）：798-808.

［145］PALMER K N. Smouldering combustion in dusts and fibrous materials［J］. Combustion and Flame, 1957, 1（2）：129-154.

［146］张吉利，邱雪颖. 地下火及阴燃研究进展［J］. 温带林业研究，2018，1（3）：19-22，62.

［147］HUANG X, RESTUCCIA F, GRAMOLA M, et al. Experimental study of the formation and collapse of an overhang in the lateral spread of smouldering peat fires［J］. Combustion and Flame, 2016, 168：393-402.

［148］YANG J, LIU N, CHEN H, et al. Effects of atmospheric oxygen on horizontal peat smoldering fires：Experimental and numerical study［J］. Proceedings of the Combustion Institute, 2019, 37（3）：4063-4071.

［149］WATTS A C. Organic soil combustion in cypress swamps：Moisture effects and landscape implications for carbon release［J］. Forest Ecology and Management, 2013, 294：178-187.

［150］BENSCOTER B, THOMPSON D, WADDINGTON J, et al. Interactive effects of vegetation, soil moisture and bulk density on depth of burning of thick organic soils［J］. International Journal of Wildland Fire, 2011, 20（3）：418-429.

［151］PUTRA E I, COCHRANE M A, VETRITA Y, et al. Determining critical groundwater level to prevent degraded peatland from severe peat fire［J］. IOP Conference Series：Earth and Environmental Science, 2018, 149（1）：12027.

［152］TAUFIK M, VELDHUIZEN A A, WÖSTEN J H M, et al. Exploration of the importance of physical properties of Indonesian peatlands to assess critical groundwater table depths, associated drought and fire hazard［J］. Geoderma, 2019, 347：160-169.

［153］HUANG X, REIN G. Upward-and-downward spread of smoldering peat fire ［J］. Proceedings of the Combustion Institute, 2019, 37 (3): 4025-4033.

［154］DAVIES G M, GRAY A, REIN G, et al. Peat consumption and carbon loss due to smouldering wildfire in a temperate peatland ［J］. Forest Ecology and Management, 2013, 308: 169-177.

［155］田晓瑞, 代玄, 王明玉, 等. 多气候情景下中国森林火灾风险评估 ［J］. 应用生态学报, 2016, 27 (3): 769-776.

［156］COBAN O, ERDIN C. Forest fire risk assessment using gis and AHP Integration in Bucak Forest Enterprise, Turkey ［J］. Applied Ecology and Environmental Research, 2020, 18: 1567-1583.

［157］周雪, 张颖. 中国森林火灾风险统计分析 ［J］. 统计与信息论坛, 2014, 29 (1): 34-39.

［158］韩刚, 韩恩贤. 森林火灾预测预报研究概述 ［J］. 陕西林业科技, 1997 (4): 65-68.

［159］BONAZOUNTAS M, KALLIDROMITOU D, KASSOMENOS P A, et al. Forest fire risk analysis ［J］. Human and Ecological Risk Assessment: An International Journal, 2005, 11 (3): 617-626.

［160］何瑞瑞, 赵凤君, 曾玉婷, 等. 多源遥感影像在森林火灾监测中的应用 ［J］. 世界林业研究, 2022, 35 (2): 59-63.

［161］张鼎杰. 四川省森林火灾防控存在的问题及对策研究 ［D］. 成都: 电子科技大学, 2022.

［162］覃先林, 李晓彤, 刘树超, 等. 中国林火卫星遥感预警监测技术研究进展 ［J］. 遥感学报, 2020, 24 (5): 511-520.

［163］熊得祥, 谭三清, 张贵, 等. 基于 FY4 遥感数据的森林火灾判别研究 ［J］. 中南林业科技大学学报, 2020, 40 (10): 42-50.

［164］刘树超, 李晓彤, 覃先林, 等. GF-4 PMI 影像着火点自适应阈值分割 ［J］. 遥感学报, 2020, 24 (3): 215-225.

［165］何立恒, 吕萌, 朱婷茹. DMSP-OLS 与 NPP-VIIRS 夜间灯光遥感影像数据整合 ［J］. 测绘通报, 2023 (1): 31-38.

［166］SCHROEDER W. Use of spatially refined remote sensing fire detection data to initialize and evaluate coupled weather-wildfire growth model simulations ［J］. Geophysical Research Letters, 2013, 40: 1.

［167］CARDIL A, MONEDERO S, RAMÍREZ J, et al. Assessing and reinitializing wildland fire simulations through satellite active fire data ［J］. Journal of Environmental Management, 2019, 231: 996-1003.

［168］FRASER R H, VAN DER SLUIJS J, HALL R J. Calibrating satellite-based indices of burn severity from UAV-drived metrics of a burned boreal forest in NWT, Canada ［J］. Remote Sensing, 2017, 9 (3): 279.

［169］PADUA L, ADAO T, GUIMARAES N, et al. post-fire forestry recovery monitoring using high-resolution multispectral imagery from unmanned aerial vehicles ［J］. Copernicus GmbH, 2019, 8: 301-305.

［170］ CARVAJAL-RAMÍREZ F, MARQUES DA SILVA J R, AGÜERA-VEGA F, et al. Evaluation of fire severity indices based on pre-and post-fire multispectral imagery sensed from UAV ［J］. Remote Sensing, 2019, 11 (9)：993.

［171］ PÉREZ-RODRÍGUEZ L A, QUINTANO C, MARCOS E, et al. Evaluation of prescribed fires from unmanned aerial vehicles (UAVs) imagery and machine learning algorithms ［J］. Remote Sensing, 2020, 12 (8)：1295.

［172］ 马岩，张明松，杨春梅，等. 森林火灾的危害及重要灭火手段的分析 ［J］. 森林工程，2013，29 (6)：25-27.

［173］ 蒋琴，钟少波，朱伟. 京津冀地区森林火灾综合风险评估 ［J］. 中国安全科学学报，2020，30 (10)：119-125.

［174］ 丁世飞，齐丙娟，谭红艳. 支持向量机理论与算法研究综述 ［J］. 电子科技大学学报，2011，40 (1)：2-10.

［175］ 尹宝才，王文通，王立春. 深度学习研究综述 ［J］. 北京工业大学学报，2015，41 (1)：48-59.

［176］ 南玉龙，张慧春，郑加强，等. 深度学习在林业中的应用 ［J］. 世界林业研究，2021，34 (5)：87-90.

［177］ 王寅凯，曹磊，钱佳晨，等. 一种改进 YOLOv5 的多尺度像素林火识别算法 ［J］. 林业工程学报，2023，8 (2)：159-165.

［178］ 吴超，徐伟恒，黄邵东，等. 林火监测中遥感应用的研究现状 ［J］. 西南林业大学学报（自然科学），2020，40 (3)：172-179.